Inhalt

Das Schwein im Mittelpunkt

Bei der Schweinehaltung geht es um Schweine. Wirtschaftliche und unternehmerische Voraussetzungen sind wichtig, doch ohne solide Fachkenntnis des Schweinehalters ist kein Betrieb auf Dauer erfolgreich.
Das sieht man auch in der Praxis, wo gut funktionierende Betriebe mit ausgezeichneter Betreuung der Tiere auffallen. Diese Schweinehalter haben die Einstellung: Ich verlasse den Stall erst, wenn bei den Schweinen alles in Ordnung ist.
Der gute Unternehmer sorgt dafür, dass die Arbeit nicht zu viel Zeit kostet, dass die Arbeitsbedingungen angenehm sind, dass sich Buchten, Materialien und Hilfsmittel in gutem Zustand befinden.

Augen auf

Es gibt Leute, die haben die Gabe, Schweine sehr gut beobachten und verstehen zu können. Andere müssen diese Fertigkeit lernen, um Schweinesignale erkennen und verwenden zu können. Wenn sie sich entschieden haben, Schweinehalter zu werden, müssen sie Schweine gut beobachten und verstehen können.
Jeder Schweinehalter steht vor der Herausforderung, bei seinen Tieren noch mehr Informationen herauszuholen. Sein Ziel ist es, die Betriebsblindheit zu bekämpfen, die blinden Flecken ausfindig zu machen und zu entfernen. Das ist möglich, wenn man neuen Dingen offen gegenüber steht und Veränderungen willkommen sind. Dazu gehört auch die kritische Haltung, dass man andere um ihre Meinung fragt und immer wieder denkt: Geht es gut oder könnte es noch besser gehen?

Hunde blicken zu uns auf, Katzen schauen auf uns herab,

doch Schweine betrachten uns als Gleichgestellte.

Winston Churchill

Lernen Sie bewusster beobachten

An Schweinen mehr zu entdecken beginnt beim bewussten Beobachten, damit beginnt auch dieses Buch. Stellen Sie sich ständig Fragen und führen Sie Verbesserungen auch wirklich durch. Wie Sherlock Holmes muss sich auch ein Schweinehalter Fragen stellen, um Lösungen zu finden. Die drei Grundfragen sind dabei:

1. Was sehe ich?
2. Warum ist das so?
3. Was bedeutet das?

Die Frage 'Was bedeutet das' führt dazu, dass Sie etwas unternehmen müssen. Was müssen Sie tun? Zufrieden weitermachen oder eingreifen? Diese Frage hilft Ihnen auch, die beste Maßnahme zu wählen und die Kosten einzuschätzen. Schweinesignale®: *Beobachten-denken-handeln*.

Ein Buch zum Betrachten

Schweinesignale ist kein gewöhnliches Lesebuch, es ist ein Gebrauchsbuch. Schnüffeln Sie wie ein Schwein etwas darin herum, erkunden Sie es. Lesen Sie ab und zu etwas über ein Thema, denken Sie über ein Suchbild nach oder blättern Sie darin.

Die Einteilung des Buches folgt einerseits den Produktionsbereichen des Betriebes und anderseits der Einteilung der Arbeitswoche. Dabei schauen wir jeweils, ob die sieben Grundbedürfnisse des Schweins sichergestellt sind, nämlich die sieben Facetten des Schweinesignalediamanten: Futter-Wasser-Licht-Luft-Ruhe-Platz und Gesundheit.

Schauen Sie in *Schweinesignale* hinein, legen Sie es weg und nehmen Sie es wieder zur Hand. Legen Sie es auf den Küchentisch, auf den Nachttisch oder an einen andern Ort, wo Sie regelmäßig und in Ruhe darin lesen können.

KAPITEL 1

Mehr sehen durch besseres Beobachten

Der Kontrollgang: Der Tierhalter konzentriert sich ausschließlich auf die Kontrolle und führt Gegenmaßnahmen bei Dingen durch, die er sieht. Große Eingriffe kommen auf die Arbeitsliste.

Wie können Sie erreichen, dass Sie mehr sehen? Was sorgt dafür, dass Sie Dinge auch wirklich in dem Moment tun, an dem sie getan werden müssen? Wissen, Wollen und Können sind die Grundlagen, um Schweinesignale zu erkennen und zu verwenden. Wissen heißt, dass man Dinge versteht. Der Wille entsteht, wenn man die Bedeutung kennt, weiß, wie man Dinge beeinflussen kann und für das belohnt wird, was man tut. Und zum Können gehören Punkte wie Zeit, Mittel, Fertigkeiten und Schwellen, die man überwinden muss.

Bewusst beobachten

Mehr sehen ist möglich, wenn man sich ständig Fragen stellt:

1. **Was sehe ich?**
   Beschreiben Sie sachlich und vollständig, was Sie sehen. Jemand, der es nicht gesehen hat, muss genau erfahren, was Sie gesehen haben.
2. **Warum ist das so?**
   Suchen Sie nach den Ursachen der Dinge, die Sie sehen.
3. **Was bedeutet das?**
   Ist das gut oder muss ich etwas unternehmen? Ziehen Sie erst jetzt Schlussfolgerungen und entscheiden Sie: gut oder nicht gut.

Bewusst beobachten, alle Fragen kritisch beantworten und die Antworten regelmäßig kontrollieren: So kann die Betriebsblindheit überwunden werden.

Um gut sehen zu können, muss der Kopf frei sein. Kontrollen sollten also nicht mit anderen Tätigkeiten kombiniert werden. Es ist eine Arbeit für sich.

Mit viel Licht kann man alles gut sehen. Daneben sorgt es für eine angenehme Arbeitsumgebung. Dabei sind mindestens 200 Lux nötig.

Ein Außenstehender sieht Dinge, die Sie selber nicht mehr sehen. Er kann mit gezielten Fragen helfen: Was ist gut? Was ist normal? Stimmt das, was ich davon halte? Tauschen Sie ab und zu die Rollen, wobei der eine erklärt und der andere Fragen stellt und umgekehrt.

Machen Sie den Kontrollgang mal umgekehrt, also in ganz anderer Reihenfolge. Tun Sie dabei nichts anderes als beobachten und denken.

Zielgerichtet und unbefangen

Beim Beobachten achten Sie zielgerichtet auf Kontrollpunkte. Das sind Wahrnehmungen, von denen Sie wissen, dass sie bestimmte Informationen verschaffen. Stehen alle Schweine zum Beispiel sofort auf, wenn Sie Unruhe verursachen oder bleiben manche sitzen oder liegen? Und wie sieht der Kot hochträchtiger Muttersauen aus?
Halten Sie daneben die Augen offen für ‚Angelegenheiten, die hier auffallen', die AHA. Sie schauen ganz unbefangen, so dass Sie auch Dinge sehen, nach denen Sie eigentlich nicht auf der Suche sind. Durch zunehmende Erfahrung nimmt die Anzahl der Kontrollpunkte zu. Es ist wichtig, regelmäßig unbefangen zu beobachten und das nicht zu vernachlässigen. Beobachten Sie wie ein Fremder, wie ein Kind.

Sorgen Sie für Qualität

Regelmäßige Kontrollen werden dann den meisten Erfolg haben, wenn die Arbeitsabläufe gut durchdacht, strukturiert und wiederkehrende Gewohnheit geworden sind. Eine kluge Buchteneinrichtung, praktische Laufwege und die richtigen Hilfsmittel helfen bei der Entscheidung, einzugreifen oder nicht.
Nehmen Sie sich Zeit für Kontrollen und planen Sie sie ein: Sie gehören zur Arbeit, die sofort getan werden muss. Buchten säubern ist wichtig, doch die zwei Kontrollgänge bei den Mastschweinen sind wichtiger. Legen Sie zehn Minuten Pause bei Ihrer Arbeit ein, um einen kurzen Blick in den Abferkelstall zu werfen. Schauen Sie sich regelmäßig alle Schweine an; mit dem Notizblock in der Tasche, mit Notiztafeln und Checklisten, die an strategischen Orten aufgehängt werden. Tauschen Sie Ihre Erfahrungen mit anderen aus.
Gute Tierhalter haben ihre Hilfsmittel immer in Reichweite und können ihre Arbeit ohne Behinderungen ausführen. Tränkenippel müssen ungehindert kontrolliert und ersetzt werden können. Geburtshilfsmittel gehören in den Abferkelbereich. Ist alles immer sauber, nachgefüllt und betriebsbereit? Denn wer reißt sich schon drum, halsbrecherische Manöver auszuführen, um eine Einlassklappe zu regulieren?

Sich in ein Schwein versetzen

Schweine haben ihre eigenen Bedürfnisse, ihre charakteristische Art, sich zu verhalten und auf die Umgebung zu reagieren. Das ist dem Tier eigen, daran kann nichts geändert werden.

Natürliches Verhalten

In der Natur leben die Muttersauen (Bachen) in Familienverbänden (Rotten) von zwei bis vier Bachen mit ihren Jungen (Frischlingen). Der Lebensraum dieser Gruppe beträgt 100 bis 500 Hektar. Die Größe der Gruppe und des Gebiets hängen vom Futterangebot ab. Lebensräume können einander überlappen. In der Mitte des Gebiets befindet sich ein Nest, wo die ganze Gruppe ruht. Die Schweine koten auf speziellen Plätzen, doch nicht im Nest oder im Futterbereich. Auf Laufrouten durchwandert die Rotte das Gebiet. Auch auf diesen Pfaden wird gekotet und uriniert. Die Rottenmitglieder stimmen ihr Verhalten aufeinander ab: Sie fressen, ruhen und säugen gleichzeitig. Freilaufende Bachen sind etwa 70 Prozent des Tages mit Umherlaufen und Nahrungssuche beschäftigt.

Innerhalb einer Gruppe herrscht eine geradlinige Rangordnung, ebenso innerhalb eines Wurfes. Gruppen mischen sich nicht miteinander, neue Tiere werden nicht zugelassen. Jungbachen bilden neue Gruppen, wenn sie 7-8 Monate alt sind, miteinander oder mit ihrer Mutter. Auch Keiler (Eber) verlassen in diesem Alter die Rotte. Zuerst leben sie mit zwei bis drei Keilern zusammen, später allein. Nur zur Paarungszeit (Oktober-November) kommen Keiler zu einer Rotte. Sie leben in den Gebieten der Rotten und hinterlassen über Duftmarken Zeichen, dass sie verfügbar sind. Über Harn und Speichel sowie mit speziellen Duftdrüsen an den Vorderbeinen verbreiten sie ihre Duftstoffe.

Die Kenntnis des natürlichen Verhaltens und der typischen Bedürfnisse der Schweine hilft, Schweinesignale aufzufangen, zu verstehen und zu verwenden.

Schwein und Wühlen gehören zusammen. Das Tier muss einfach wühlen. Das Wildschwein frisst, indem es den Rüssel hin- und herbewegt und das Futter mit Unterlippe, Zähnen und Zunge aufnimmt. Das zahme Schwein frisst im Prinzip auf die gleiche Art und hat auch das Bedürfnis, zu wühlen.

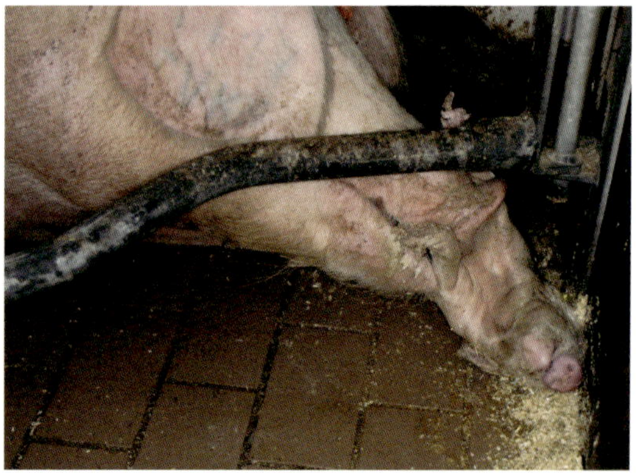

Ein Schwein frisst auch gerne Fleisch, meist Insekten und Würmer. Es jagt auch manchmal etwas, meistens Jungtiere oder Nester mit Eiern.
Manchmal hat es auch das Glück, ein totes Tier zu finden. Die Fleischsorte spielt keine Rolle. Für diese Sau ist ihr totes Ferkel wahrscheinlich normales 'Fressen'.

Hören, sehen, riechen, sprechen

Menschen sehen und hören gut, riechen aber schlecht. Die Augen sind für das Schwein weniger wichtig, dafür Riechorgan und Gehör umso mehr. Das Schwein spricht zu anderen Schweinen, buchstäblich mit Tönen, aber auch mit Düften.

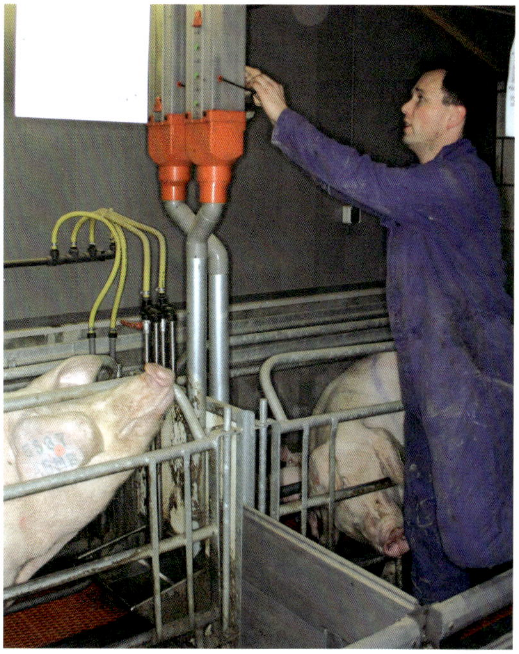

Oft geben Muttersauen einen 'Wegjagruf' von sich, wenn Sie zu ihren Ferkeln in die Bucht treten.

Sprechen

Im Schweinestall und in der Natur geben Schweine verschiedene Töne wie Grunzen, Knurren und Schreie von sich, die ein klares Signal abgeben. Sie können auch mit den Zähnen knirschen und schmatzen.

- Der *‚stress call'*: ein schneidender Schrei, z.B. beim Kampf am Futtertrog.
- Die Alarmgeräusche, die Mastschweine machen, wenn sie aufgeschreckt werden (kurz 'uh-uh-uh').
- Die Ebergeräusche, wie das Schmatzen, das Knurren und das tiefe, lange Grunzen.
- Der Zufriedenheitsruf von Mastschweinen: 'woh-woh-woh'.

Bekanntschaft machen

1. Diese Schweine heben in einer schnellen Bewegung ihren Rüssel hoch und ziehen dabei Luft ein. Ihre Augen und Ohren sind auf den Besucher gerichtet.
2. Schweine schauen, hören und riechen in Richtung des Besuchers.
3. Die Tiere sind neugierig und aktiv.

Schmecken durch Wühlen und Beißen ist der zweite Schritt beim Kennenlernen. Ein Schwein frisst alles, was einigermaßen fressbar ist. Nicht umsonst heißt das Wildschwein 'Müllmann des Waldes'. Der große Teil der Ration von Wildschweinen besteht aus Pflanzen. Ihr Verdauungssystem und Gebiss sind darauf eingestellt.

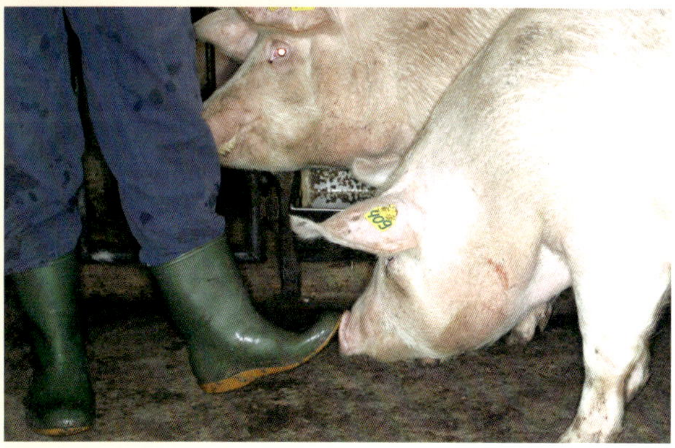

Beobachten und denken

Die Kunst besteht darin, in möglichst kurzer Zeit möglichst viele Dinge zu sehen, die wichtig sind. Strukturiert beobachten und strukturiert nachdenken helfen dabei.

Eine Kontrolle liefert drei Arten von Information:

1. **Einsicht in die Situation.** Sie fragen: Wie geht es meinen Schweinen? Habe ich Gesundheit, Wohlbefinden und Produktion unter Kontrolle?
2. **Rückkopplung.** Sie wollen Ergebnisse von Maßnahmen oder Ursachen von Abweichungen wissen. Sie fragen: Wie ist es gegangen? Wie ist das entstanden?
3. **Vorausdenken.** Denken Sie voraus, ausgehend von Ihren Wahrnehmungen. Sie fragen: Muss ich für eine Verbesserung in Zukunft jetzt schon etwas ändern?

Blicken Sie zurück

Aus häufigen Rückblicken lernen Sie viel. Die Antwort auf die Frage, wie die heutigen Probleme entstanden sind, hilft Ihnen, in Zukunft Ärger zu vermeiden. Vergessen Sie auch nicht, die Ursachen guter Ergebnisse festzustellen: Was haben wir getan, dass diese Schweine so gut zugenommen haben? Ausgedruckte Managementdaten, zum Beispiel Schlachtdaten, liefern wertvolle Information, um ein vollständiges Bild zu erhalten.

Regelmäßige Desinfektion sorgt für eine möglichst schnelle Abheilung des Nabels und schränkt das Risiko ein, dass Krankheitserreger eindringen und Entzündungen verursachen. Dann haben Ferkel in ihren ersten Lebenswochen mehr Abwehrkräfte.

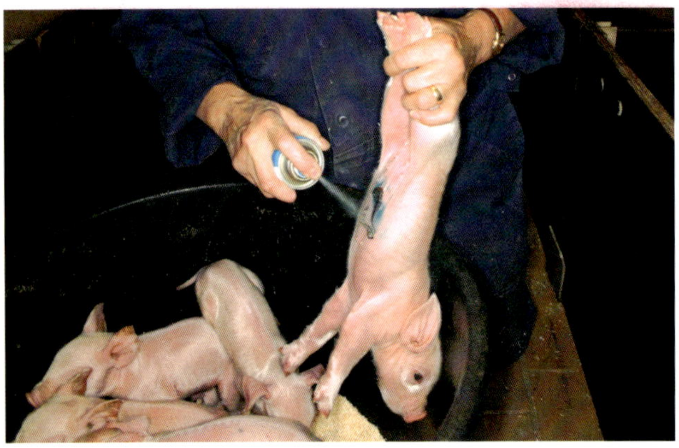

Schauen Sie voraus

Der Prozess vom Decken bis zum Absetzen und vom Ferkel zum Schlachtschwein ist ein Ablauf von Ereignissen. Dinge, die heute passieren, haben Einfluss auf Dinge weit weg in der Zukunft. Es ist ein ständiger Strom von Schweinen, von einer Bucht in die andere. Schweine halten heißt darum auch, ständig vorbereiten und vorausdenken.

Vom Großen zum Kleinen (und umgekehrt)

Betrachten Sie vom Großen zum Kleinen. Richten Sie Ihre Aufmerksamkeit nicht sofort auf das eine blasse Ferkel oder das zurückbleibende Schwein. Beginnen Sie mit der Umgebung, gehen Sie dann zu den Herden, den Gruppen und schließlich zum einzelnen Schwein über. Führen Sie anschließend die Beurteilung umgekehrt aus, vom Schwein zum großen Ganzen.

Warum fressen mehrere Sauen schlecht? Ist die Temperatur im Stall zu hoch? Stimmt etwas mit dem Futter nicht? Oder mit dem Wasser?

Aus der Entfernung betrachten: Mehrere Sauen im Abteil haben den Trog nicht leer gefressen. Viele Würfe sind unruhig.

Aus der Nähe betrachten: Kontrollieren Sie die Gesundheit der Muttersauen. Sie sind aktiv und haben kein Fieber. Die Gesäuge sind nicht warm, nicht geschwollen. Sie sehen keine anderen Krankheitszeichen.

Infektionsdruck und körpereigene Abwehr

Ob Schweine gesund bleiben, hängt von ihrer körpereigenen Abwehr und dem Infektionsdruck ab. Gesundheit, Wohlbefinden und eine gute Futter- und Wasseraufnahme bilden die Bausteine für eine gute körpereigene Abwehr. Gesunden, gut genährten und betreuten Schweinen kann man nur durch Impfungen zusätzliche Abwehrkraft verschaffen. Es ist wichtig, dass die Tiere keine Abwehrkraft verlieren. Beim Schwein spielt auch die Abwehrkraft von Haut und Schleimhäuten eine große Rolle. Wunden und Verletzungen der Oberfläche (Schleimhäute), der Luftwege und Därme bilden Eingangspforten für Krankheitserreger. Ferkel sind bis nach dem Absetzen fast vollständig von der Abwehrkraft abhängig, die sie aus Biestmilch und Milch erhalten.
Der Infektionsdruck besteht aus der Summe aller Krankheitserreger, die das Schwein bedrohen, und der krankmachenden Wirkung dieser Keime.

Stress

- Stress entsteht, wenn Schweine in eine Lage geraten, die sie anders haben wollen, aber nicht ändern können. Veränderungen, Kampf und zum Beispiel Zugluft verursachen Stress.
- Stress vermindert die körpereigene Abwehr. Schweine ruhen, fressen und trinken weniger, ihr Abwehrsystem wird durcheinander gebracht.

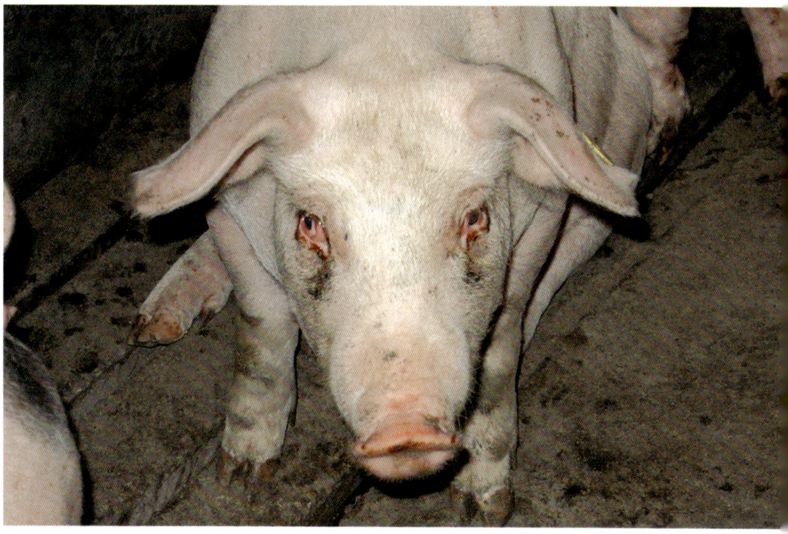

Foto: Mark Roozen

Dieses Schwein leidet möglicherweise an einer Virusinfektion. Viren wie PRRS und Circo, Bakterien wie APP, Mykoplasmen, Staphylokokken und Streptokokken kommen auf vielen Betrieben in großen Mengen vor.

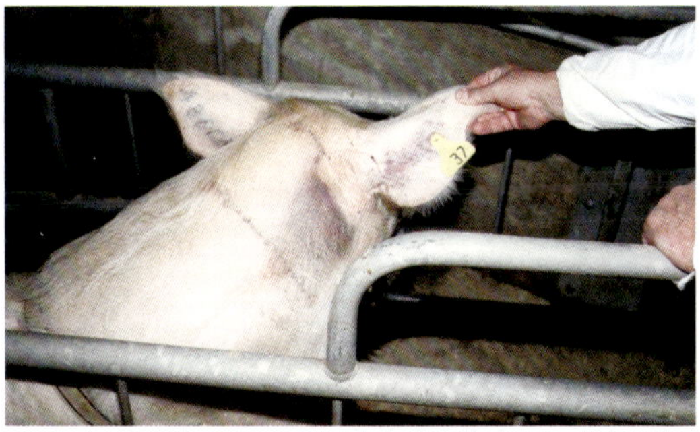

Hautblutungen bei klassischer Schweinepest, die von einem sehr stark krankheitserregenden Virus verursacht werden. Schon wenige Viren können ein Schwein krank machen.

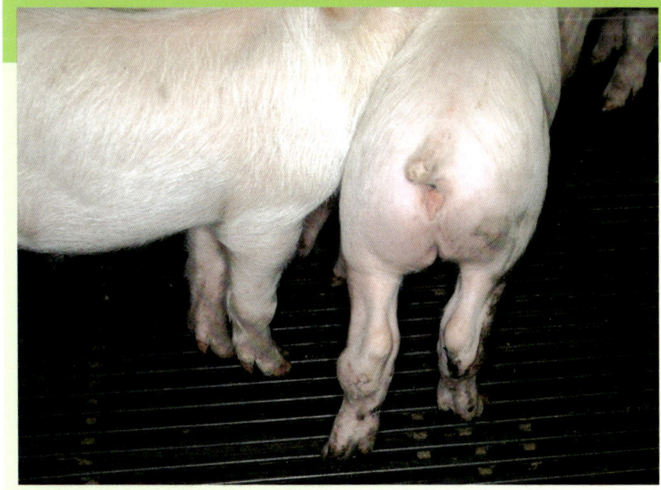

Suchbild
Was sagt uns dieses Foto?

1. Ein Ferkel mit geschwollenem Sprunggelenk, ein anderes mit geschwollenem Vorderknie. Beide haben Gelenksentzündungen.
2. Bakterien sind durch Wunden in den Körper eingedrungen und haben sich über die Blutbahn in den Gelenken festgesetzt. Die Entzündungen schwächen die Abwehrkraft, die Bakterien erhöhen das Risiko neuer Entzündungen. Diese Tiere haben es in Risikomomenten wie Absetzen und Umstallen/Zusammenstellen von neuen Gruppen besonders schwer.
3. Machen Sie Risikomomente und -orte des Eindringens von Bakterien ausfindig. Vermeiden Sie möglichst diese Risikofaktoren.

Der Schweinesignalediamant

Listen und Eselsbrücken helfen dabei, innerhalb kurzer Zeit zielgerichtet zu kontrollieren. Auch hierbei müssen Sie fortwährend überlegen. Trennen Sie zum Beispiel Ziel und Mittel gut voneinander. Ein Ziel ist, das Spielbedürfnis von Ferkeln zu befriedigen, ein Mittel ist, eine Kette in der Bucht aufzuhängen.

Der Schweinesignalediamant enthält eine Aufzählung der Grundbedürfnisse des Schweins: die Ziele. Pro Betrieb, pro Tiergruppe und Zeitraum kann die Befriedigung dieser Bedürfnisse auf verschiedene Arten erreicht werden: die Mittel. Behalten Sie diesen Diamanten während Kontrollen immer im Gedächtnis.

Licht
Die Lichtmenge und die Lichtdauer unterstützen einen normalen Biorhythmus.

Futter
Jedes Schwein kann genügend Futter in der richtigen Zusammensetzung aufnehmen.

Wasser
Jedes Schwein kann genügend Wasser in der richtigen Zusammensetzung aufnehmen.

Luft
Jedes Schwein atmet uneingeschränkt Luft in der richtigen Zusammensetzung ein.

Ruhe
Jedes Schwein verfügt über einen Liegeplatz mit einem angenehmen Mikroklima.

Platz
Die Umgebung bietet dem Schwein Platz für seine Grundbedürfnisse wie Ruhen, auf Nahrungssuche gehen, Spielen und Koten.

Gesundheit
Jedes Schwein ist frei von Infektionskrankheiten, Erkrankungen und Wunden.

Der Schweinesignalediamant in der Praxis

Verdorbenes Futter bei nicht trächtigen Sauen. Die Zusammensetzung ist falsch und enthält Gesundheitsrisiken.

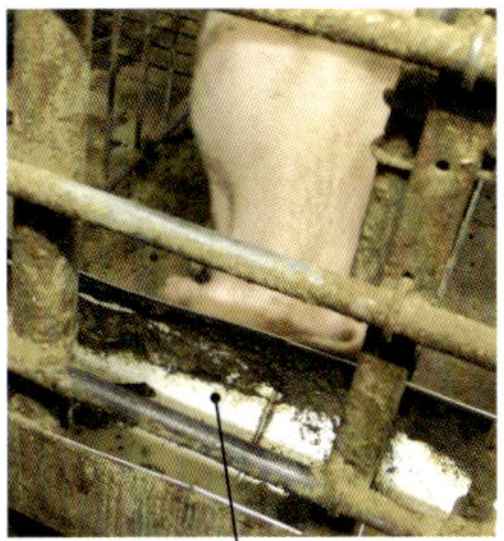

Dieser Nippel liefert sehr wenig Wasser, ein häufig vorkommendes Problem.

Die Lunge des Schweins gehört zu den empfindlichsten Organen.

Von Natur aus säugt die Sau im Frühling: viel Licht und lange Tage.

Unruhe durch Rangordnungskämpfe, Unruhe durch ein schlechtes Mikroklima.

Verhaltensbedürfnisse sind je nach Tiergruppe unterschiedlich. Junge Ferkel wollen fressen/trinken, koten, erkunden und spielen.

Infektionen und Krankheiten verlangen ständige Aufmerksamkeit, Hygiene, Behandlung und Vorsorge.

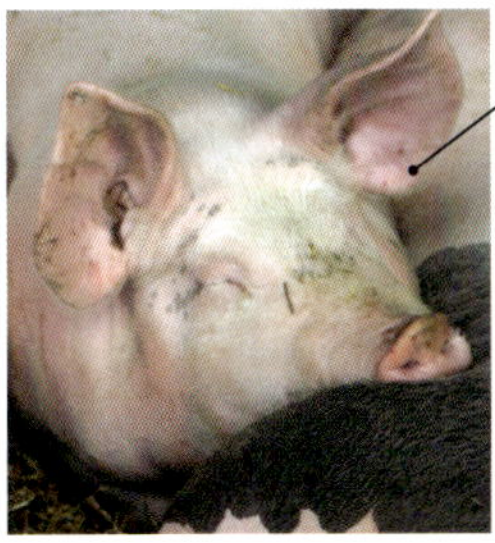

Information in jeder Phase

Jeder Zeitpunkt bringt eigene Informationen. Wenn die Schweine zum Beispiel vollständig ruhen, können Sie das Liegeverhalten und damit das Klima beurteilen. Beim Treiben sehen Sie sehr schnell Tiere, die weniger flink sind.

Risiken

Neben Erfolgsfaktoren (siehe Schweinesignalediamant) erhalten Risiken und Angelegenheiten, die hier auffallen (AHA) Aufmerksamkeit. Die Risiken können jeweils getrennt betrachtet werden, zum Beispiel das Risiko für Kolidurchfall oder das Risiko für Verwerfen. Risiken kann man in Risikoorte, Risikomomente und Risikogruppen einteilen.

In Risikosituationen stellen Sie sich die Fragen:

1. Was sind die Risiken?
2. Wie sorge ich dafür, dass diese Risiken möglichst gering sind?
3. Wie sehe ich frühzeitig, ob Risiken auftreten. Und wie greife ich dann ein?

Risikoorte

Jeder Ort, der beim Schwein Krankheit oder Unannehmlichkeiten verursachen könnte, ist ein Risikoort.

In dieser Bucht ist es schwierig, das Mikroklima für die Ferkel gut einzustellen. Es entsteht schnell Zugluft wegen der Grube. Die Gummimatte dient hier als warmer Liegeplatz, das Stroh verhindert Kannibalismus.

Auslauf bedeutet Kontakt mit anderen Tieren und einer Umgebung mit vielen Krankheitserregern. Diesen Schweinen drohen Infektionen mit Eiern von Magen-Darm-Würmern im Schweinekot oder auf dem Boden. Außerdem stellen Toxoplasmen aus Katzenkot und Bodenbakterien als Erreger von Rotlauf eine Gefahr dar.

Risikogruppen

Gruppen von Schweinen, die einem erhöhten Risiko für bestimmte Probleme ausgesetzt sind. Risikogruppen dienen auch zur Kontrolle. Geht es ihnen gut, dann geht es wahrscheinlich allen Schweinen gut.

Beispiele von Risikogruppen:

- Sauen, die neu in die Gruppe gebracht wurden
- Ferkel mit einem niedrigen Geburtsgewicht (unter 1 kg)
- Sauen, die frisch abgeferkelt und ein schwaches Fundament haben
- Magere und fette Sauen
- Schweine mit Wunden

Jungsauen bilden bei der Gruppenhaltung eine Risikogruppe. Das wird vor allem beim Einstallen in den Abferkelstall deutlich. Sie erleben dann viele Veränderungen und kommen mit viel Neuem in Kontakt. In der Phase vor dem Einstallen müssen sie optimal fressen und trinken.

Ferkel, die im Abferkelstall wenig Futter fressen, brauchen nach dem Absetzen am längsten, bis sie festes Futter fressen. Das sind die Ferkel, die sehr viel Milch erhalten haben. Das lange Fasten bewirkt, dass gerade die schönsten Ferkel an Absetzdurchfall oder Ödemkrankheit erkranken.

Risikomomente

Ein Zeitfenster, in dem ein Schwein eine erhöhte Anfälligkeit für Krankheiten zeigt oder Dinge schief gehen können. Diese Momente verlangen extra Aufmerksamkeit.

Beispiele für Risikomomente:

- Absetzen
- Betreuerwechsel
- Futterumstellung
- Geburt

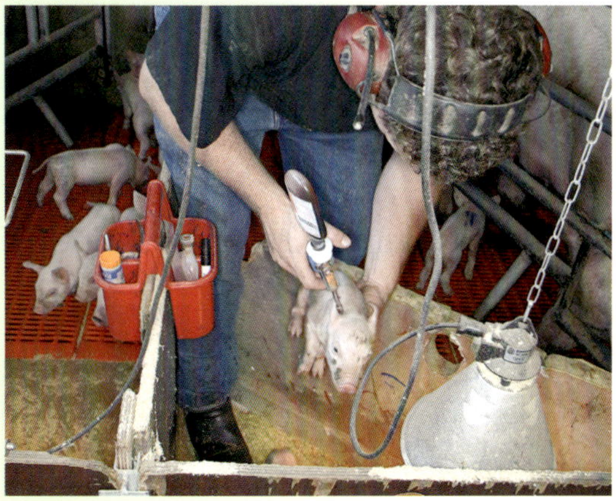

Ein besonderer Risikomoment ist ein Eingriff bei einem Tier. Das verursacht Stress und oft auch Verletzungen. Wenn Sie ruhig, organisiert und sehr sorgfältig arbeiten, übersteht das Schwein einen Eingriff am besten. Seien Sie sehr kritisch und sorgen Sie dafür, dass diese Routinehandlungen immer sachgemäß ausgeführt werden.

Umstallen ist ein Risikomoment, denn Schweine geraten in Stress und müssen aufs Neue Ruhe, Futter und Wasser finden. Gruppenumstellungen erhöhen diese Risiken und sind die Ursache der Verbreitung von Infektionen.

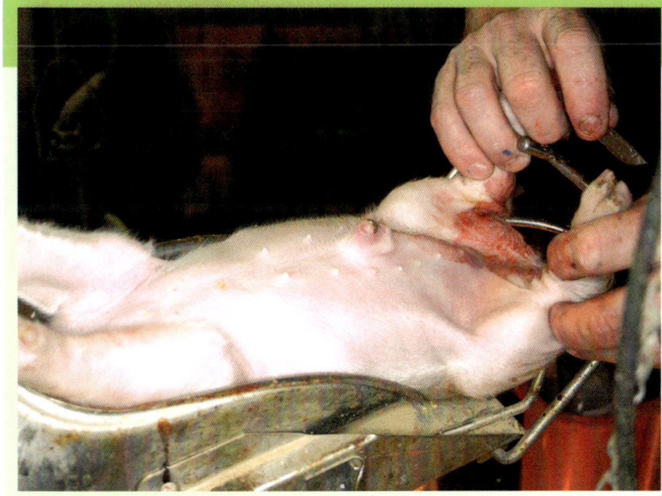

Suchbild
Was sagt uns diese Situation?

1. Ein Ferkel wurde in einem Ständer kastriert. Auf einem Hinterbein hat es viel Blut. Sein Nabel ist rot und geschwollen.
2. Der Nabel ist entzündet. Mögliche Ursachen: Der Nabel wurde nicht desinfiziert, ein rauer oder dreckiger Boden oder ungenügende körpereigene Abwehr. Die Kastrationswunde und deren Umgebung wurden nicht gereinigt.
3. Der Ständer fördert ein sorgfältiges Arbeiten. Blut und Blutkrusten erhöhen die Gefahr von Entzündungen der Kastrationswunde. Der entzündete Nabel schwächt die körpereigene Abwehr des Ferkels. Behandeln Sie die Nabelentzündung und reinigen und desinfizieren Sie die Wunde. Überprüfen Sie die Pflege der Nabel und den Kastrationsablauf.

Prozessmanagement

Was stecken Sie hinein?

Input:
- Schweine
- Futter
- Wasser
- Medikamente
- Energie

Was passiert?

- Sicherstellung der Bedürfnisse
- Betreuung
- Maßnahmen

Kontrollpunkte Prozess:
- Futteraufnahme
- Wasseraufnahme
- Gewicht, Einheitlichkeit
- Verhalten
- Krankheitssymptome
- Sektion

Was kommt heraus?

Kontrollpunkte Ergebnis:
- Schlachtdaten
- Prozentsatz Ausfälle
- Prozentsatz Krankheitsfälle
- Anzahl Behandlungen

Gesund oder nicht gesund?

Bei der klinischen Untersuchung stehen zwei Fragen im Mittelpunkt. Was sehe ich? Und: Warum ist das so? Die Zwischenfrage 'Stimmt das?' steuert die Untersuchung und gibt an, wann genug untersucht worden ist. Behandlung und Vorsorgeplan ergeben sich aus der dritten Frage: Was heißt das? Diese Frage kann wiederum neue Untersuchungsfragen aufwerfen.

Prozesskontrollpunkte und deren Ergebnisse sagen aus, ob Sie Dinge anders anpacken müssen oder ob Sie besser andere Dinge in den Prozess stecken sollten: anderes Futter, andere Schweine, mehr Zeit, usw.

Infektion = Ansteckung durch Krankheitserreger

Beobachtung der Herde

Neben einzelnen Schweinen muss der Tierhalter auch das große Ganze betrachten, also auch Herden und Prozesse. Schemata und Pläne helfen dabei, die Zusammenhänge zu verstehen und damit zu arbeiten.

Bei der Herdenkontrolle spielen Einheitlichkeit und Durchschnittszahlen eine wichtige Rolle. Was ist das durchschnittliche Wachstum? Erreichen alle Schweine dieses Wachstum oder bestehen große Unterschiede? Vereinheitlichung macht Kontrollen einfacher, denn jedes Schwein, das in einer einheitlichen Gruppe auffällt, ist ein Signal.
Krankheitszeichen und Verhalten sagen etwas über den Grad von Gesundheit und Komfort aus. Bei Krankheitsanzeichen sind der Ernst der Anzeichen und die Zahl der befallenen Tiere wichtig. Bei der Beurteilung des Verhaltens braucht auch das einzelne Schwein Aufmerksamkeit. Beißverhalten kann mit einem einzigen unruhigen Schwein beginnen.

Stufenplan für die klinische Untersuchung

1. *Vorgeschichte*

Was ist bis jetzt mit den Tieren, der Fütterung, der Betreuung und der Unterbringung geschehen?

Rangliste für Ursachen

Manchmal gelingt es, die Ursache mit großer Sicherheit festzustellen. Oft sind aber mehrere Ursachen möglich. Ein Tierarzt arbeitet darum immer mit einer Rangliste von Diagnosen, wobei die wahrscheinlichste obenan steht.

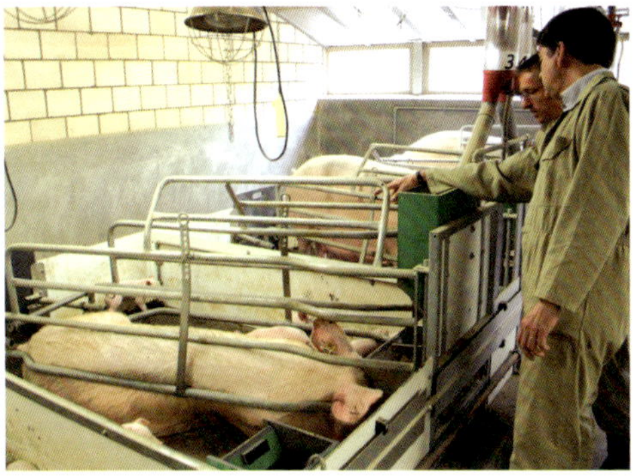

2. *Allgemeiner Eindruck*

Betrachten Sie das Schwein und seine Herde.
Verwenden Sie den Schweinesignalediamanten als Stufenplan.

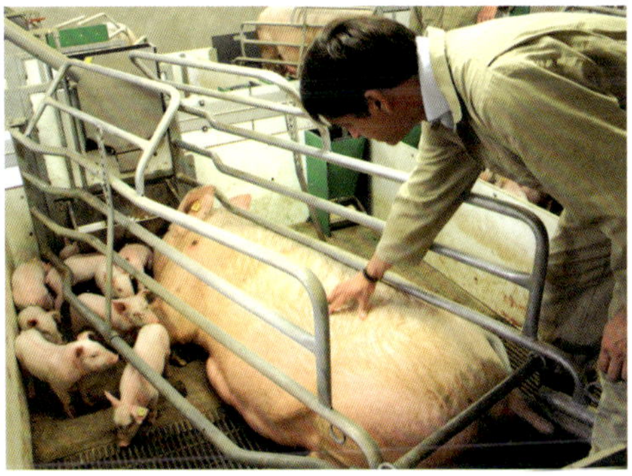

3. *Allgemeine Untersuchung*

Führen Sie immer die Basiskontrollen aus:

- *Futteraufnahme und Kot.*
- *Atmung: Geschwindigkeit und Art des Atmens, unter anderem das Bauchschlagen.*
- *Temperatur: Auch Temperatur anderer Tiere des Abteils.*
- *Haut-Haar-Klauen: Kontrollieren Sie auf Farbe, Verletzungen und Wachstumsabweichungen.*
- *Gesäuge und Scham: Kontrollieren Sie auf Farbe, Schwellung, Verletzung, Ausfluss.*
- *Schleimhäute: Kontrollieren Sie auf Farbe und Schwellung.*
- *Beobachten Sie Körperhaltung und Bewegungen.*
- *Auffälligkeiten.*

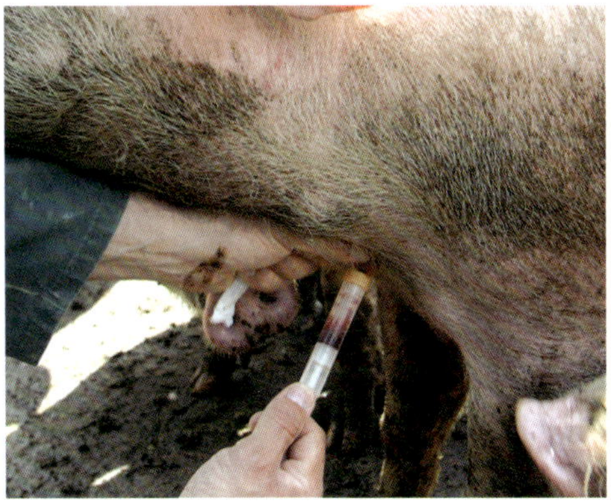

4. *Weitere Untersuchung*

Die Untersuchungsfrage (was will ich wissen?) bestimmt die Art der Untersuchung und die Auswahl des Probenmaterials. Lassen Sie den Tierarzt die richtigen Schweine sorgfältig auswählen und schicken Sie genügend Proben ein. Weitere Untersuchungen können sein:

- *Laboruntersuchungen, zum Beispiel an Blut oder Kot.*
- *Sektion von Tieren oder Untersuchung von Schlachthausmaterial.*
- *Klimabeurteilung. Bewerten Sie die erhaltene Information. Können Sie mit genügend Sicherheit eine Diagnose stellen und das Vorgehen bestimmen?*

Oder sind weitere Untersuchungen notwendig?

- *Andere Möglichkeiten.*

Körperbau

Wenn Sie wissen, wie ein Schwein gebaut ist, werden viele Schweinesignale logisch und verständlich. Um dann einer andern fachkundigen Person genau sagen zu können, was Sie gesehen haben, müssen Sie die richtige Bezeichnung der Körperteile kennen.

1	Unterlippe	19	Sprunggelenk
2	Rüsselscheibe	20	Unterbein
3	Nasenrücken	21	Afterklaue
4	Ohrgrund	22	Kronrand
5	Nacken	23	Ballen
6	Schulter	24	Klaue
7	Widerrist	25	Leiste
8	Rippen	26	Gesäuge
9	Rücken	27	Bauch
10	Lende	28	Brust
11	Flanke	29	Ellbogen
12	Kreuz	30	Brustbein
13	Hüfthöcker	31	Bug
14	Anus	32	Vorderknie
15	Scham (Vulva)	33	Röhre
16	Sitzbeinhöcker	34	Klauenspalt
17	Schinken	35	Hals
18	Fersenhöcker	36	Wange

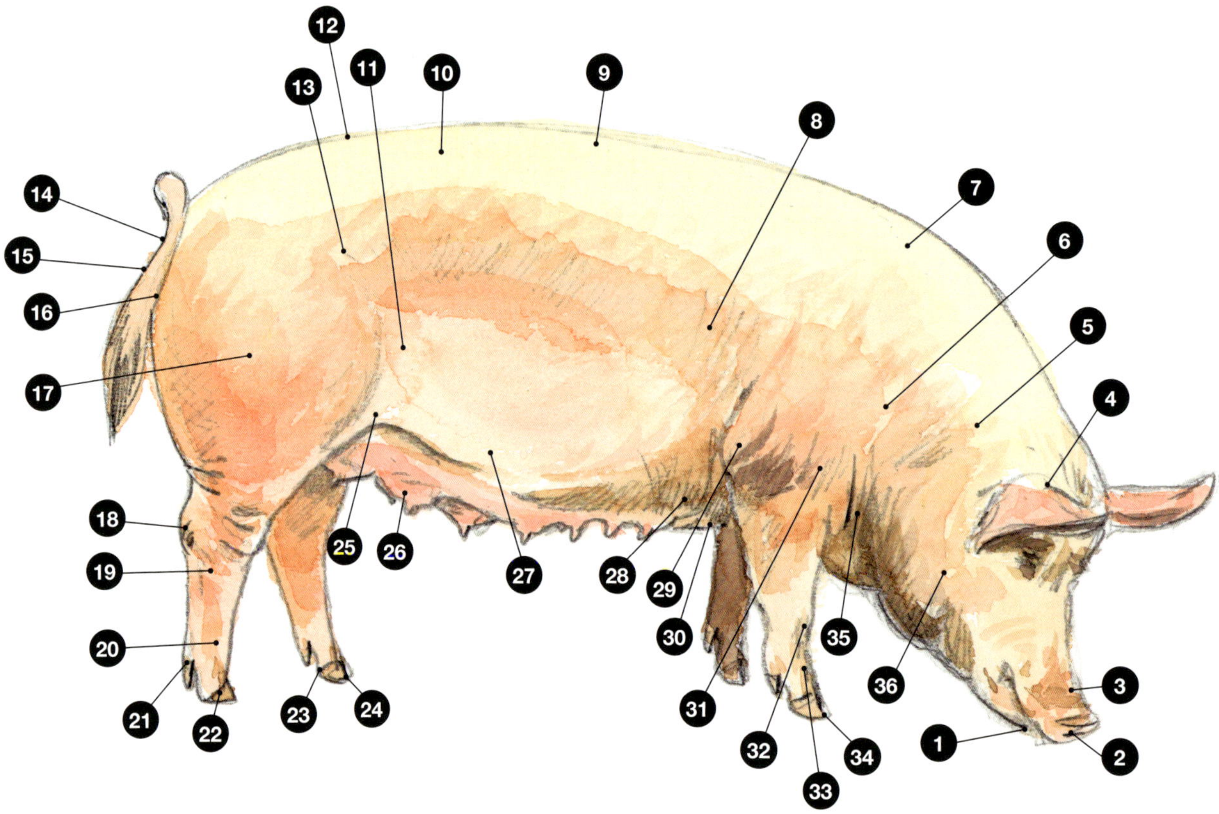

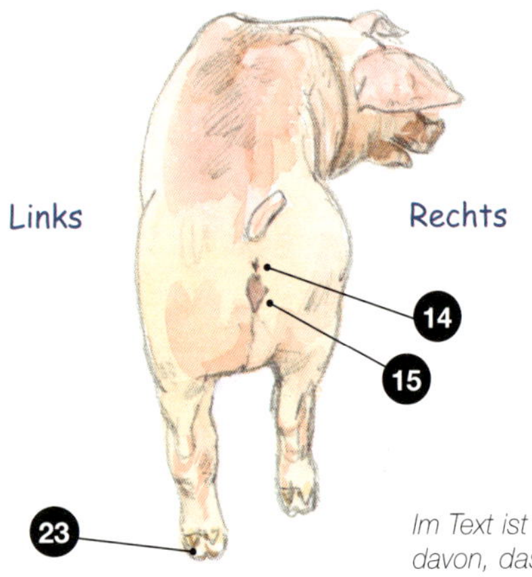

Im Text ist mehrfach die Rede von Rechts oder Links, ausgehend davon, dass man das Schwein von hinten betrachtet.

1 Zwischenkieferbein
2 Oberkiefer
3 Schädel
4 Halswirbel (7 Stück)
5 Schulterblatt
6 Brustwirbel (13 bis 16 Stück)
7 Lendenwirbel (5 bis 8 Stück)
8 Hüfthöcker
9 Kreuzbein
10 Hüftbein
11 Schwanzwirbel
12 Hüftgelenk
13 Sitzbeinhöcker
14 Oberschenkel
15 Schienbein
16 Wadenbein
17 Fersenbein
18 Fersengelenk
19 Mittelfußknochen
20 Röhrenknochen
21 Fesselbein
22 Kronbein
23 Klauenbein
24 Knie
25 Rippen
26 Knorpeliger Teil der Rippen
27 Brustbein
28 Ellbogen
29 Vorderknie
30 Elle
31 Speiche
32 Ellbogengelenk
33 Oberarmbein
34 Schultergelenk
35 Kiefergelenk
36 Unterkiefer
37 Backenzähne
38 Eckzahn
39 Schneidezähne

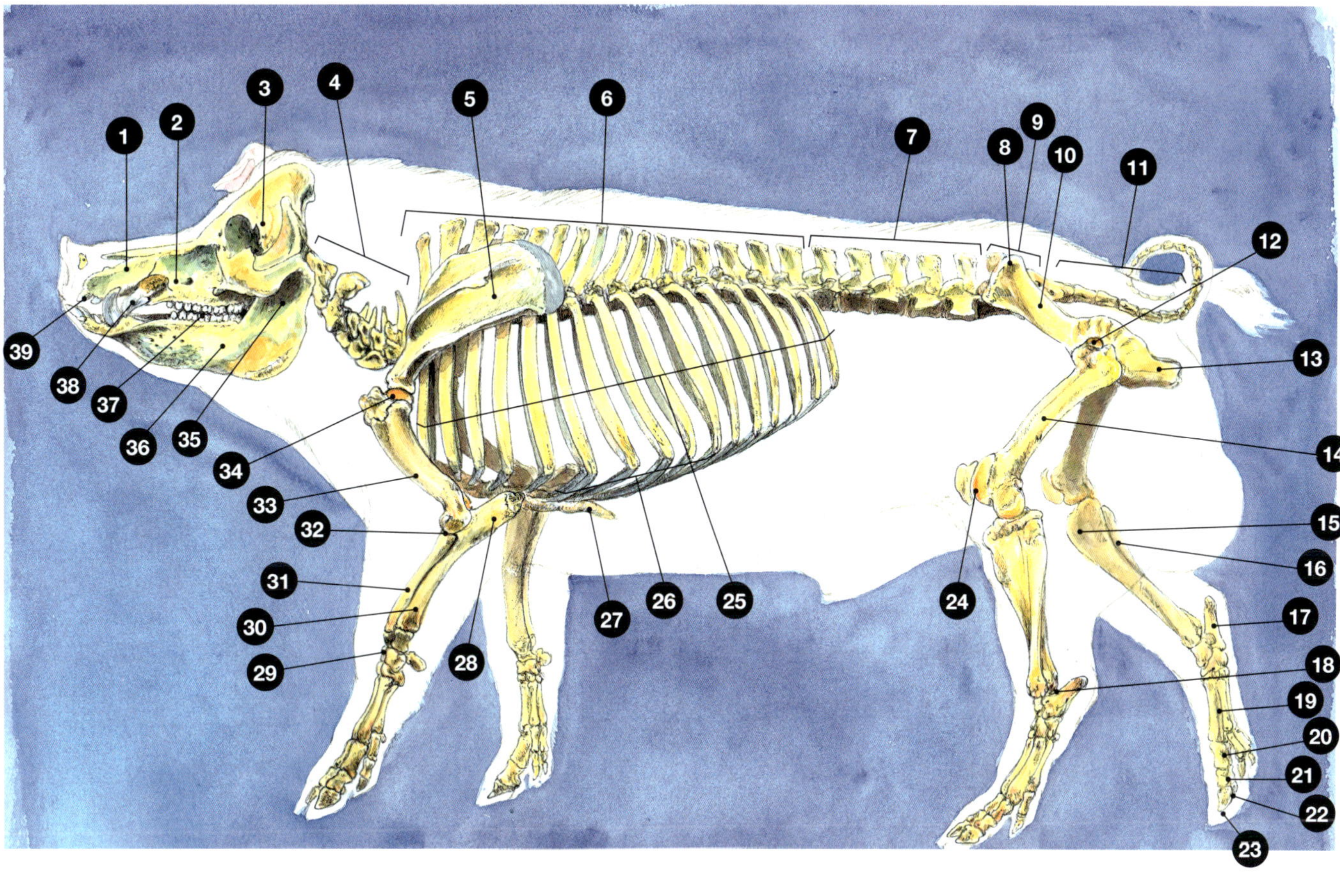

Lage der Organe in Bauch- und Brusthöhle

1 Lunge
2 Herz
3 Zwerchfell
4 Leber
5 Dünndarm
6 Dickdarm

Nicht zu sehen:
Magen
Milz (länglich, violett-rot)
Nieren (gegen den Rücken)

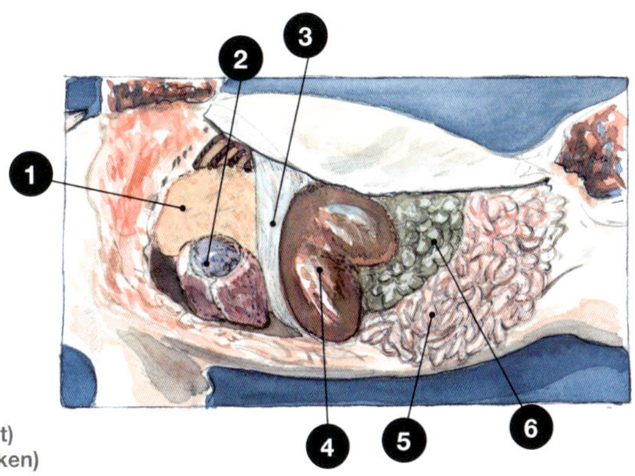

Bauchfell-Brustfell

Das Zwerchfell trennt die Brusthöhle von der Bauchhöhle. In der Brusthöhle liegen die Lunge und das Herz. Das Schwein hat eine relativ kleine Lunge und ein relativ kleines Herz. Alle Organe sind von einer dünnen Haut überzogen, dem Bauchfell bzw. Brustfell. Dieses bedeckt auch die Bauch- und die Brustwand. Ein feuchter Film bewirkt, dass Organe und Körperwände gegeneinander verschiebbar sind.

KAPITEL 2

Trächtige Sauen und Jungsauen

Diese Sauen zeigen die natürliche Nutzung ihres Lebensraums. Ein Nest, um zu ruhen, eine Toilette und ein Bereich, um zu fressen und auf Entdeckungsreisen zu gehen.

Wenn alles gut geht, passiert wenig während der Tragezeit des Schweins, die drei Monate, drei Wochen und drei Tage dauert. Trächtige Tiere benehmen sich ganz normal, sie fressen, trinken und koten wie sonst auch. Vielleicht erhalten sie noch eine Impfung. Durch dieses alltägliche Verhalten besteht das Risiko, dass trächtigen Sauen zu wenig Beachtung geschenkt wird, obwohl die Trächtigkeit eine wichtige Periode ist.

Ziele im Stall mit trächtigen Sauen

Am Ende ihrer Trächtigkeit ist die Sau bereit, problemlos zu werfen und ihren Wurf gesund großzuziehen. Das heißt vor allem, dass ihr Zustand, ihre Futteraufnahme und ihre Gesundheit dann optimal auf die Nachgeburtszeit abgestimmt sind. Sie wirft eine möglichst große Zahl möglichst vitaler Ferkel. Mit der täglichen Haltung und Betreuung müssen Sie die Gesundheit, das Wohlbefinden und die Produktion der Sauen garantieren.

Die Natur

Ein Wildschwein ist etwa 119 Tage trächtig und bringt meist einen einzigen Wurf pro Jahr zur Welt. Hausschweine tragen 114 Tage und liefern gut 2,2 Würfe pro Jahr. Das Hausschwein ist damit mehr als 250 Tage pro Jahr trächtig.

Risiko- und Signaltiere

Die Risikogruppen bestimmen, wo die Grenzen der Betreuung und Haltung liegen. Sie geben als Erste an, dass bestimmte Dinge verbessert werden müssen. Geht es bei den Risikogruppen gut, dann geht es mit den anderen Schweinen auch gut. Jungsauen zum Beispiel bilden eine Risikogruppe, ebenso Sauen, die Schwierigkeiten haben beim Aufstehen, sich Hinlegen, Liegen und Laufen.

Jungsauen

Jungsauen erhalten die schlechten Liegeplätze und werden regelmäßig von älteren Sauen auf ihren Platz verwiesen. Eine Jungsau hat weniger Ruhe, während sie noch sehr viel lernen muss und sich ihr Körper noch voll in der Entwicklung befindet. Die größten Risiken sind Klauenprobleme und ungenügende körperliche Entwicklung, während ihr im Abferkelstall noch eine schwierige Zeit bevorsteht.

Unruhe

Auch bei Jungsauen sollte Stress möglichst vermieden werden, vor allem in Risikoperioden wie kurz nach der Besamung und rund ums Werfen. Lassen Sie dann die Tiere mit möglichst wenig unbekannten und unerwarteten Dingen in Kontakt kommen. Es wäre ideal, wenn sie sich schon vorab an Gruppenhaltung und die Abferkelbucht gewöhnen können. Eine gesonderte Jungsauengruppe schafft eine sicherere Umgebung.

Platzieren Sie Jungsauen (und ältere Sauen) gruppenweise in die große Gruppe. Die Tiere kennen einander oft schon und können dann eine kleine Gruppe bilden. Je größer der Raum und die Anzahl Schweine in der Gruppe, desto einfacher geht das Zusammenstallen. Es findet sich dann immer irgendwo ein sicherer Zufluchtsort oder ein Stück 'Niemandsland'.

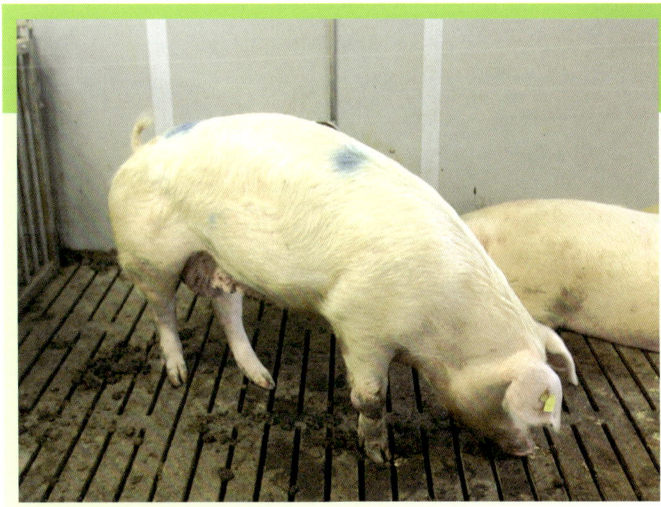

Beobachten - denken - handeln

Wie gehen Sie mit schlechtem Beinwerk um?

Die Sau entlastet ihr linkes Hinterbein und krümmt ihren Rücken, um ihr Gewicht besser auf die drei anderen Beine zu verteilen. Auf dem rechten Vorderknie befindet sich ein Abszess. Sie ist lahm, wahrscheinlich schon lange.

Das Tier frisst noch gut. Das sieht man an ihrem Suchverhalten, der Bauchfüllung, dem Zustand und ihrer Farbe und ihrem Glanz. Doch wenn sie zunimmt, ist die Wahrscheinlichkeit groß, dass sie Druckstellen entwickelt und abmagert.

Diese Sau gehört in eine Krankenbucht mit Stroh.

Füttern mit offenen Augen

Beginn der Trächtigkeit

Eine trächtige Sau sollte bis zur idealen Kondition zunehmen, danach sollte ihre Speckdicke konstant bleiben. In der ersten Hälfte der Trächtigkeit kann sie das Futter verwenden, um ihre Kondition zu verbessern, danach beanspruchen die Ferkel (Fötus) alles. Der Zustand der Sau ist jetzt der wichtigste Anhaltspunkt für die Futtermenge.
Es gibt auch einen zweiten Anhaltspunkt: die Einheitlichkeit der Ferkel. Unterschiede im Geburtsgewicht hängen eng mit der Versorgung der Ferkel (Fötus) im ersten Monat der Trächtigkeit zusammen. Dabei spielen die Qualität der Fruchthülle und der Nabelschnur sowie die Lieferung von Nährstoffen durch die Gebärmutter eine Rolle.

Ende der Trächtigkeit

Im letzten (dritten) Teil der Trächtigkeit sind die Gesundheit der Sauen und das durchschnittliche Geburtsgewicht der Ferkel Ihre Ziele und Messpunkte. In den letzten drei Wochen verdoppeln die Föten beinahe ihr Gewicht.
Sorgen Sie dafür, dass die Sau weiterhin genug frisst und trinkt, wobei der Kot sämig sein muss. Die Zusammenstellung des Futters lässt sich vor allem im Nachhinein kontrollieren. Alarmierende Signale sind zu viel Stau im Gesäuge vor der Geburt, zu wenig Milch nach der Geburt, schlechtes Fressen und viele kranke Sauen.

Kontrolle der Futteraufnahme

Kriegen sie genug?

Die meisten Fütterungssysteme messen Portionen in Litern ab. Doch das Gewicht des Mischfutters schwankt. Tatsächlich muss man von jeder Lieferung Futter das Gewicht pro Liter kennen, um sicher zu sein, dass die Tiere die richtige Menge Futter erhalten. Messen Sie das, indem Sie eine Portion oder zehn Liter wiegen.

Fressen sie alle?

Eine Notiz auf der Checkliste, ein Futtertrog, der nicht leer ist und ein Bauch, der nicht voll ist. Die drei wichtigsten Signale, dass eine Sau ungenügend frisst.

Was fressen sie?

Kot verschafft eine Übersicht über die Zusammensetzung des Futters, das die Sau frisst. Diese Sau frisst viel Stroh. Auch die Produktion, die Gesundheit und die Fresslust liefern Information. Der Begriff Zusammensetzung enthält den Gehalt an Nährstoffen, aber auch Verunreinigungen und Fäulnis.

Aktivitätsspitzen

Von Natur aus fressen Sauen gleichzeitig und ruhen gleichzeitig aus, nämlich am Morgen. Sie trinken meist nach dem Fressen, wobei sie schnell sechs Liter oder mehr aufnehmen. Trächtige Sauen in Freilandhaltung verbringen ungefähr 60 Prozent ihrer Zeit mit Wühlen und Fressen. Es sind tagaktive Tiere, doch sie können sich einfach auf einen Nachtrhythmus umstellen.
Abhängig vom Fütterungssystem fressen trächtige Sauen gleichzeitig oder nacheinander. Jede Fütterungsrunde führt zu einer Aktivitätsspitze. Dasselbe geschieht, wenn eine neue Fütterungsperiode an der Futterstation beginnt.

Wenn Sauen gleichzeitig fressen, trinken sie auch gleichzeitig. Das Trinkwassersystem muss genügend Wasser liefern, sodass alle Sauen dann auch genügend Wasser erhalten (2,5 l/min). Wenn eine Sau zu lange warten muss, trinkt sie möglicherweise weniger Wasser als erwünscht.

Risikomoment

Der Übergang von Trächtigkeitsfutter zu Laktationsfutter im Abferkelstall bildet einen Risikomoment. In dieser Zeit müssen die Därme gut gefüllt bleiben. Sorgen Sie dafür, dass die Raufutterquelle im Futter gleich bleibt. Die Sau muss gut fressen und trinken.

Sättigung

Schweine beginnen mit Leerkauen und Stangenbeißen, wenn sie nicht genügend gesättigt sind. Geben Sie ein paar hundert Gramm Raufutter wie Stroh oder Trockenschnitzel. Sorgen Sie für genügend Sättigung.
Sättigung entsteht durch das Kauen (Stroh), die Füllung des Magens und der Därme (Stroh, Trockenschnitzel) und die Aufnahme der Verdauungsprodukte von Fasern (vor allem Fettsäuren).

Beobachten - denken - handeln
Worauf weist der weiße Fleck?

Die weiße Masse kann aus Eiter und Harnkristallen bestehen. Eiter ist ein Hinweis auf eine Blasenentzündung. Blut im Harn ist auch ein Zeichen für eine Blasen- oder Nierenentzündung. Harnkristalle entstehen bei Blasenentzündung und bei bestimmten Fütterungsfehlern und Stoffwechselkrankheiten.
Die wichtigste Ursache von Blasenentzündungen ist ein Mangel an Trinkwasser. Andere Ursachen sind Infektionen nach der Geburt und bei der Besamung.

Die Umgebung

Ein Schwein teilt seine Umgebung in Nutzungsbereiche ein: einen Liegeplatz, einen Fressplatz und einen Kotplatz. Das Tier erkennt die Bereiche vor allem an den Gerüchen. Zwischen den Nutzungsbereichen befinden sich Laufwege. Schweine urinieren im Kotbereich, manchmal auch auf die Laufwege.

Liegeplatz

Der Ruhebereich bietet einen bequemen Liegeplatz. Weich und frei von unangenehmen Klimaeinflüssen, nicht zu warm, nicht zu kalt, keine Zugluft, keine Störungen durch andere Schweine. In der Natur liegen die Ruheplätze tief in niederem Gebüsch versteckt.

Kotplatz

Im Kotbereich kann ein Schwein ungestört seine Notdurft verrichten. Der Kotgeruch bringt das Tier dazu. Kotplätze liegen mindestens fünf und höchstens fünfzehn Meter von Fressplätzen entfernt.

Fressplatz

Am Futterplatz kann das Schwein ungestört fressen. Hier ist es wichtig, dass die Tiere einander das Futter nicht wegfressen bzw. wegnehmen können.

Laufraum

Die Laufgänge sind als Laufgänge erkennbar und dafür geeignet. Das heißt, dass sich genügend Raum zwischen einem Liegeplatz, einem Fressplatz und einem Kotplatz befinden. Auch muss das Schwein hier sicher laufen können: auf einer griffigen Oberfläche und ohne die Gefahr, sich die Klauen auf hartem Bodenbelag zu verletzen.

Wärme bildet ein Problem für tragende Sauen, vor allem kurz vor dem Werfen. Ihre natürliche Abkühlungsmethode: Schlammbäder nehmen. Belüftung, Isolation, hohe Dächer und Schutz vor Sonneneinstrahlung sorgen dafür, den Stall kühl zu halten. Bei einer guten Belüftung sind auch die Böden trocken.

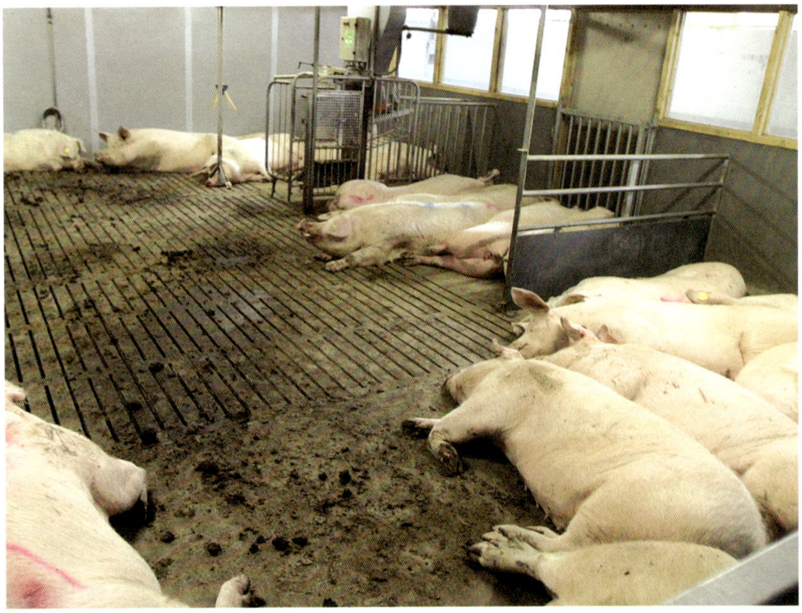

Diese Sauen haben ihre Liegeplätze entlang den Seitenwänden. In der Mitte befindet sich der Kotplatz. Sauen liegen nahe beim oder im Kotbereich. Das ist ein Hinweis dafür, dass der Raum für die Anzahl Sauen zu klein ist.

Raummangel in der Gruppenhaltung

Eine große Gruppe Schweine teilt sich in kleinere Gruppen von ungefähr vier Tieren auf, die anschließend ihre Lebensräume aufeinander abstimmen. Wenn Sie die Ställe in kleine Liegeflächen mit klaren Laufbereichen und freien Plätzen zum Koten einteilen, steuern Sie die Schweine in die gewünschte Richtung. Eine Gruppe darf zum Beispiel nicht im Liegebereich der anderen koten.

Strohstall

Auch in einem Strohstall gibt es Gruppenbildung und spezielle Liegeplätze, auch wenn es auf den ersten Blick so aussieht, als lägen die Schweine kreuz und quer im Raum. Die Tiere haben mehr oder weniger feste Plätze, laufen über feste Routen und haben einen festen Kotplatz. Die Farben geben an, wie das Schwein den Raum erlebt: Liegebereiche (blaue, grüne, rote Gebiete), Laufrouten zu den Kotplätzen (Pfeile) und eine Fläche, wo alle Schweine Erkundungsverhalten zeigen (lila).

Spaltenboden

Diese Stalleinrichtung steuert die Schweine stark in Richtung des erwünschten Verhaltens. Getrennte Liegeflächen regen zur Gruppenbildung an. Indem Liegeflächen bei Unterbelegung geschlossen werden, wird eine unerwünschte Verwendung vermieden (z.B. als Kotbereich). Denn wenn diese Fläche wieder als Liegeplatz benötigt wird, ist es schwierig, das Verhalten der Tiere rückgängig zu machen. Neulinge in der Gruppe müssen sich möglicherweise zuerst eine Zeit lang im Kotbereich aufhalten. Sobald sie akzeptiert werden, nehmen sie in einer z.B. Liegekoje Platz. Schweine wählen einen Bereich als Kotplatz, wo sie ruhig und ungestört koten können.

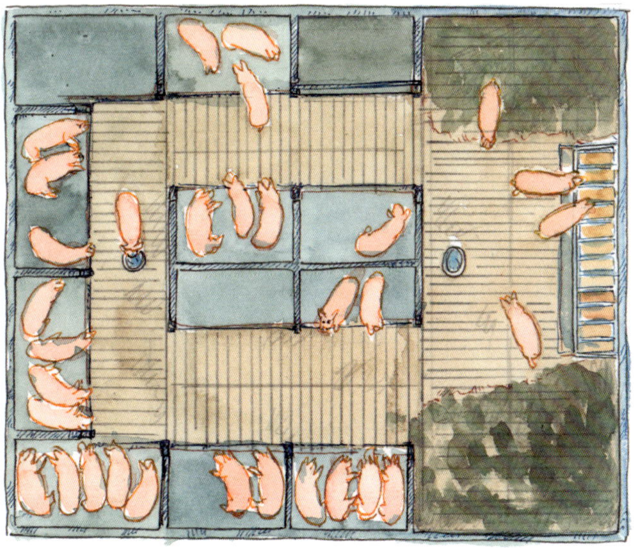

Gesundheit

Auch bei der Gesundheit von trächtigen Sauen gilt, dass einige wenige Krankheiten und Verletzungen die meisten Probleme verursachen. Die wichtigsten Krankheiten für diese Gruppe sind Parvovirose, PRRS und Influenza. Aber auch Krankheiten wie Rotlauf, Magen-Darm-Würmer, Räude und – in der Vergangenheit – die Aujeszky'sche Krankheit liegen auf der Lauer. Viele dieser Krankheiten verursachen dank erfolgreicher Bekämpfungsprogramme keine Probleme mehr. Denken Sie an Impfungen gegen Parvo und Rotlauf und an die Zurückdrängung der Aujeszky'schen Krankheit. Erkrankungen wie Räude, Magen-Darm-Würmer und PRRS muss man mit ständiger Vorsorge und Behandlung unter Kontrolle halten. Sobald die Aufmerksamkeit etwas nachlässt, treten wieder Probleme auf.

Haupt- und Nebensachen

80 Prozent der Probleme werden von 20 Prozent der möglichen Ursachen verursacht.

Ein typisches Beispiel für ein krankes Schwein, an dem man nicht sofort sehen kann, was ihm fehlt. Die Krankheitsbilder vieler Erkrankungen gleichen einander sehr. Fragen Sie darum regelmäßig einen Tierarzt um seine Meinung und lassen Sie zur Kontrolle Laboruntersuchungen und Sektionen ausführen.

Verletzungen

Klauenprobleme bilden die zweite Gruppe Gesundheitsrisiken. Sie entstehen, wenn die Belastung größer ist als die Klaue tragen kann, zum Beispiel bei abruptem Aufsetzen wegen Unruhe. Der Boden spielt dabei auch eine Rolle. Beim Spaltenboden fehlt ein Teil der tragenden Oberfläche. Dann kann der Rand einer Spalte eine Punktbelastung der Klaue verursachen. Nasse Klauen werden weich. Sie können dann weniger Belastung ertragen und sind anfälliger für das Eindringen von Bakterien.

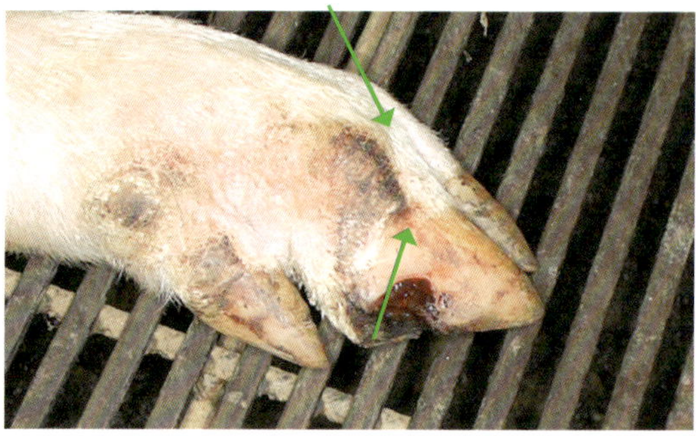

Die bevorzugten Stellen für Klauen- und Kronrandverletzungen.

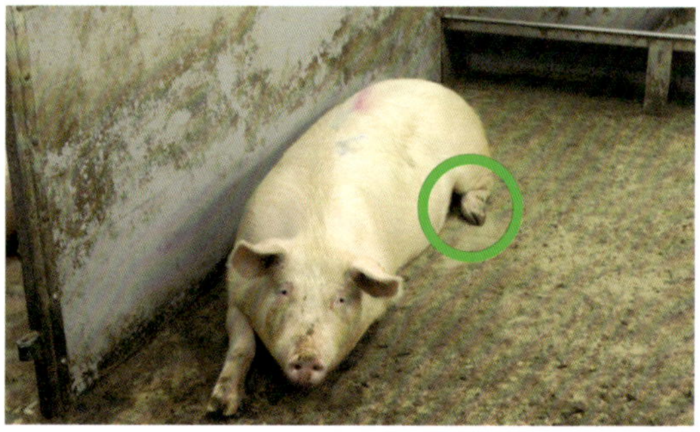

Diese Sau ist möglicherweise lahm oder hat aus anderen Gründen Schwierigkeiten beim Aufstehen. Das ist ein Signaltier. Es reagiert zuerst darauf, dass der Boden zu glatt ist.

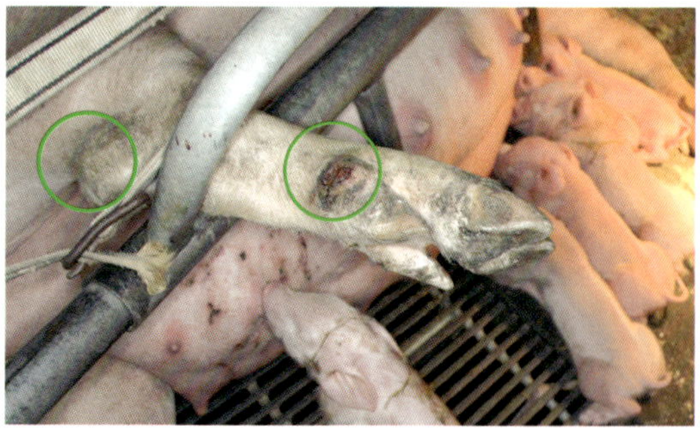

Eine Scheuerstelle bzw. eine Verletzung, die vom Boden verursacht wurde. Auf dem Sprunggelenk befindet sich eine zweite Druckstelle mit einer Verdickung der Haut.

Gesundes Beinwerk

Weil sie körperliche Bewegung haben, entwickeln Schweine in Gruppenhaltung starke Muskeln, Knochen, Sehnen und Gelenke. Jungschweine müssen auch körperlich kräftig genug sein, um sich in Gruppenhaltung behaupten zu können. Dies verlangt eine weiträumige Haltung von jungen Zuchtsauen oder den Umweg über eine Jungsauengruppe.

Quarantänestall

Halten Sie neu zugekaufte Jungsauen und Eber mindestens sechs Wochen in einem Auffangstall. Hier können eventuell mitgebrachte Infektionen sichtbar werden oder andere Erkrankungen ausheilen.
Lassen Sie sie sich an die Krankheitserreger auf dem Betrieb gewöhnen, zum Beispiel, indem Sie Kot von alten Sauen hineinbringen.

Embryosterblichkeit

Vermeiden Sie Stress zwischen Tag 4 und Tag 30 nach dem Besamen. In den ersten drei bis vier Wochen besteht nämlich ein erhöhtes Risiko für Embryosterblichkeit. Diese werden anschließend von der Gebärmutterwand resorbiert (aufgenommen). Wenn fünf oder weniger Früchte übrig bleiben, endet die Trächtigkeit und die Sau wird aufs Neue rauschig.
Früchte, die nach Tag 50 absterben, werden nicht mehr resorbiert. Sie werden zu Mumien oder die Sau verwirft. Neben Krankheiten ist Stress am Futtertrog oder wegen eines groben Betreuers ein weiterer Grund fürs Verwerfen. Sterblichkeit kurz vor dem Wurfdatum führt zu Totgeburten.

Lahmheiten bei Jungsauen treten oft auf wenn die Tiere aufspringen oder ausweichen müssen.

Eine Infektion mit Parvovirus ist eine häufige Ursache für Mumien. Aber auch andere Infektionen können sie verursachen.

Beobachten - denken - handeln
Was passiert hier?

Diese rangniedrige Sau muss im Kotplatz liegen. Sie kaut leer. Die kleine Bucht bietet nicht genügend Liegeraum und die Sau muss ausweichen, wodurch schnell Druckstellen entstehen: Feuchtigkeit und Harn weichen die Haut auf. Ein rauer Boden erhöht das Risiko. Ein Schwein, das im Kot liegt, sagt aus, dass ihm zu warm ist oder dass zu wenig Platz vorhanden ist.

Kontrollen

Das Kontrollieren der Tiere ist entscheidend, wenn Sie Probleme früh erkennen wollen. Verwenden Sie Checklisten und schreiben Sie Ergebnisse auf. Das verhindert, dass Sie etwas übersehen oder vergessen.

Kontrollen von Sauen

Signal	**Sofortmaßnahme**	**Weitere Maßnahmen**
Kontrollliste Futteraufnahme	auffällige Sauen überprüfen	Futterautomat kontrollieren
nicht aktiv, träge	Temperatur messen	Tierarzt konsultieren
Sau steht mit Schwierigkeiten auf	Ursache der Lahmheit feststellen	eventuell behandeln
Verletzungen	Ursache beheben	behandeln
Zu warm? Zu kalt?	Ursache beheben	erneute Kontrolle am nächsten Tag
Verschmutzung	Kot beseitigen und trockenen Liegeplatz schaffen	Abstand Liege- und Kotbereich kontrollieren
Kein sämiger Kot	Wasseraufnahme kontrollieren	Ration anpassen
Aborte	Sau ausfindig machen	Ursache ausfindig machen
10% der Sauen einer Gruppe stehen	Unruhe beheben, Futterstation kontrollieren	erneute Kontrollen am nächsten Tag

Auch bei der Kontrolle einzelner Sauen lohnt es sich, die Beobachtungen aufzuschreiben. Erstens, um dafür zu sorgen, dass andere die Arbeit übernehmen können. Zweitens, um genau festzustellen, wie oft bestimmte Erkrankungen und Behandlungen vorkommen.

Bei der Beurteilung von Herdensignalen achten Sie auf Gruppen von Schweinen innerhalb der gesamten Herde. Sehen Sie zum Beispiel bei mehreren Schweinen Kurzatmigkeit, kann das ein Signal sein, den Ventilator zur besseren Kühlung einzuschalten.

Herde	*Welche Sauen, welche nicht?*	*Ursache?*
Sind alle Tiere ruhig?		
Befinden sich alle Sauen in Seitenlage?		
Sehen Sie Wärme suchendes Verhalten?		
Sehen Sie Kühlung suchendes Verhalten?		
Ist die Herde einheitlich in Bezug auf:	**Durchschnitt**	**Streuung**
• Kondition/Speckdicke		
• Entwicklung		
• Qualität des Beinwerks		
• Verschmutzung		
• Farbe und Glanz		
• Verletzungen		
Welche Tiere fallen auf?		
Kann jedes Schwein bequem herumlaufen?		
Auffälligkeiten?		

Ein Risikoort. Kontrollieren Sie den Wasserdruck in den entferntesten Stellen der Wasserleitung, direkt nach dem Füttern, wenn alle Sauen trinken. Auch dann müssen alle Sauen ausreichend trinken können.

Im Abferkelstall	
Wechselnde Wurfgrößen	
Tote Ferkel, Mumien	
Sau ferkelt zügig ab	
Alle Ferkel haben die Bäuche gut voll	
Sau frisst gut, Gesäuge ist gefüllt und nicht warm, kein Fieber (<39,5)	

Im Abferkelstall stellt sich heraus, ob die trächtige Sau korrekt gehalten und gefüttert wurde. Kontrollieren Sie das und verwenden Sie die Angaben, um es zu verbessern.

KAPITEL 3

Im Abferkelstall

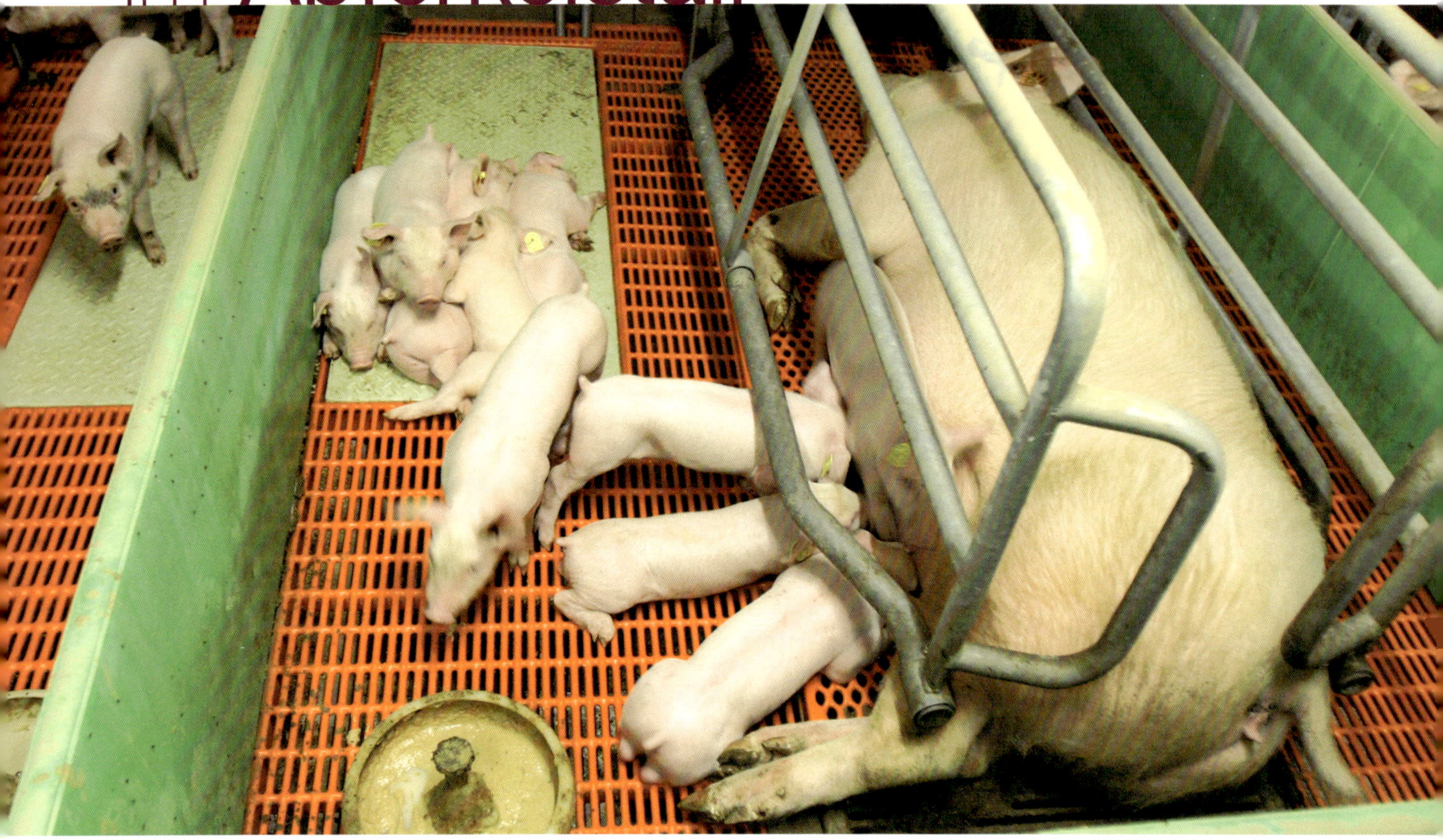

Die Abferkelperiode ist der Zeitraum, der die größten Risiken für Sau und Ferkel birgt. Sie müssen kräftig und gesund sein und bleiben, um diese Zeit erfolgreich zu überstehen. Das stellt hohe Anforderungen an Haltung, Fütterung und Betreuung.

Die Abferkelperiode verlangt von der Sau, dem Ferkel und dem Betreuer eine Spitzenleistung.

Sau und Ferkel teilen sich die Räume im Abferkelstall, aber die Bedürfnisse der Sau stimmen nicht immer mit denen des Ferkels überein. Das ergibt schwierige Situationen. Während neugeborene Ferkel ihren Liegeplatz am liebsten auf Körpertemperatur haben, ist das für die Sau viel zu warm. Sie will es nicht wärmer haben als 21 °C. Daneben ist die Sau neben einer Nahrungsquelle auch eine Gefahr. Sie kann Ferkel erdrücken und totbeißen.

Im Abferkelstall macht die Sau große Veränderungen durch, wobei die Milchproduktion von ihr Einiges abverlangt. Die Ferkel müssen nach vier Wochen für sich selbst sorgen können und die Grundlage für ein gesundes Leben gelegt haben.

Es gibt im Abferkelstall viel zu tun. Schenken Sie bei der Einrichtung und bei der Arbeit deshalb der Organisation, den Laufwegen und dem praktischen Arbeitsablauf zusätzliche Aufmerksamkeit. Die Längsaufstallung in der Abferkelbucht erleichtert die Kontrollen und begünstigt das Eingreifen.

Aggression

Aggression ist die erste Reaktion der Muttersau auf alles, was ungewohnt ist, und auf Stressfaktoren. In Extremsituationen kann die Sau sogar gegen ihre eigenen Ferkel aggressiv werden. Man sieht diese Aggression vor allem bei Sauen, die zum ersten Mal werfen. Der Schmerz der Wehen, der Eröffnung und der Geburt löst oft dieses Fehlverhalten aus. Nach der Geburt gewinnt die Muttersorge meist wieder über die Aggression die Oberhand und die Sau akzeptiert die Ferkel. Zuchtlinien unterscheiden sich in ihren Muttereigenschaften stark voneinander.

Die Natur

Ein paar Tage vor dem Abferkeln sondert sich die Bache ab. Sie macht ein Nest, um vollständig abgesondert zu werfen und die ersten Tage mit ihren Frischlingen zu verbringen. Dieses Nest liegt hundert Meter oder mehr vom gemeinschaftlichen Nest entfernt. Nestbau fördert die spätere Fürsorge. Die Bache reagiert aggressiv, um andere Bachen – und Menschen – wegzujagen. Daneben ist sie extra wachsam gegenüber natürlichen Feinden ihrer Frischlinge, wie z.B. Füchsen.

Drei Kernworte

Für die Arbeit im Abferkelstall gelten die folgenden drei Worte.

1. **Immer:** Jedes Ferkel und jede Sau zu jedem Zeitpunkt.
2. **Gewissenhaft:** Sowohl Ferkel als Sau sind anfällig. 'Nicht ganz gut' kann noch lange Zeit nachteilige Folgen haben.
3. **Klug:** Mit wenig Aufwand, mit wenig Kosten, mit geübten Handgriffen.

Drei Figuren im Mittelpunkt

Drei Figuren stehen im Abferkelstall im Mittelpunkt.

1. **Die Sau**, die bequem liegen, säugen, fressen und trinken muss.
2. **Das Ferkel**, das bequem fressen, trinken, liegen und spielen muss.
3. **Der Betreuer**, der bequem seine Arbeit erledigen können muss.

Beobachten - denken - handeln
Was sehen Sie?

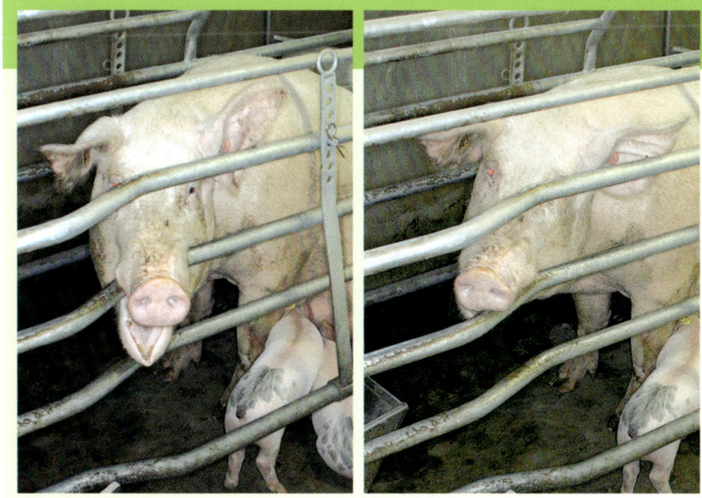

Sie betrachten hier diese Sau. Wenn Sie einen Schritt näher treten, beißt sie in die Stange. Treten Sie einen Schritt zurück, hört sie damit auf. Das ist Ersatzverhalten: Die Sau will Sie, den Eindringling, verjagen, wenn Sie ihr Nestbereich betreten. Doch sie kann Sie nicht angreifen und richtet deshalb ihre Aggression auf die Stange aus.

Alles bereit

Ist die Sau bereit zum Werfen und Säugen?

Die Sauen müssen gut weiterfressen und -trinken, vor und nach der Geburt. Das heißt, dass ihnen gut zugängliches Futter mit der richtigen Zusammensetzung und genügend Wasser zur Verfügung stehen müssen. Die Sau muss ungehindert aufstehen, bequem stehen und ungestört fressen und trinken können. Mehr als zwei Fütterungszeiten pro Tag sorgen für mehr Futteraufnahme.

Veränderungen, Umstallungen und Stress setzen unter Umständen die Futteraufnahme herab. Vermeiden Sie Veränderungen oder organisieren Sie sie sehr sorgfältig. Jungsauen sind besonders empfindlich, für sie ist alles neu.
Auch bei hoch tragenden Sauen kann es Probleme mit der Fütterung geben. Nach dem Umstallen müssen sie gut weiter fressen und trinken sowie sämigen Kot absetzen. Das vermindert die Gefahr, dass sie schlecht abferkeln und nach der Geburt zu wenig Milch haben (MMA).

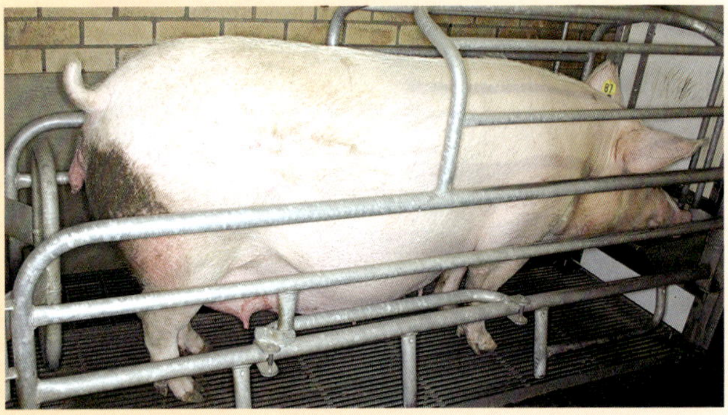

Mühelos aufstehen

Eine schwere Sau. Sie hat Schwierigkeiten beim Aufstehen, dadurch ist sie auf den hintersten Gesäugeabschnitt getreten. Mit diesem Gewicht muss man zum Aufstehen kräftig genug sein, die Eisenkonstruktion darf nicht im Weg sein und die Klauen müssen guten Halt finden. Fette Sauen fressen weniger und haben mehr Schwierigkeiten aufzustehen.

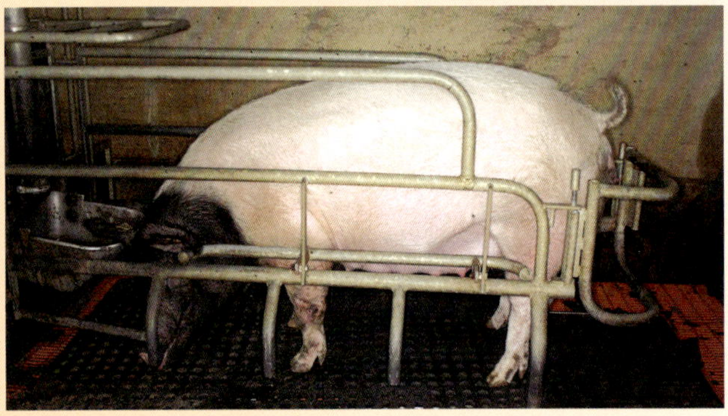

Eine Gummimatte bietet guten Halt, so dass die Sau gut aufstehen kann. Die Löcher sorgen für Abfluss von Nässe. Sofort, nachdem sich herausstellte, dass diese Sau Probleme mit dem Aufstehen hat, wurde die Matte hineingelegt. Die Matte bleibt bis zum Zeitpunkt des Absetzens liegen. So frisst und trinkt die Sau optimal. Sie wird voraussichtlich nicht abmagern und bequem liegen.

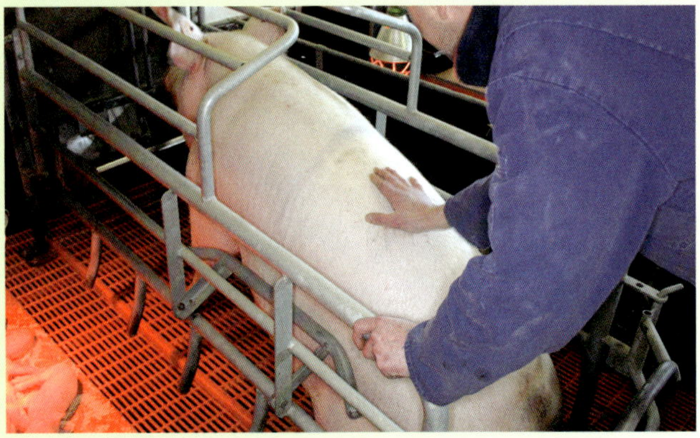

Kontrolle des Aufstehens

Wenn Sie ruhig zusehen, wie eine Sau aufsteht, wird meist klar, ob ihr das leicht gelingt und wo das Problem liegt. Sauen, die beim Treiben lange zögern und dabei einen hohen schneidenden Stressruf von sich geben, zeigen, dass sie (zu) große Schwierigkeiten damit haben.

Kotbeurteilung bei Sauen

Zu harter Kot: *matt aussehende, abgerundete Haufen. Man kann sie nur mit Kraftaufwand zerdrücken. Stumpfe Bruchfläche. Ursache: zu träge Passage im Darm wegen schlecht angepasster Fütterung beziehungsweise zu geringe Wasseraufnahme.*

Sämiger Kot: *glänzender, gut geformter Haufen. Einfach zu zerdrücken. Glänzende Bruchfläche.*

Nahende Geburt

Zuerst Unruhe und Nestbauverhalten. Etwa sechs Stunden vor der Geburt kann ein Strahl Biestmilch gemolken werden, die Sau wird unruhig.

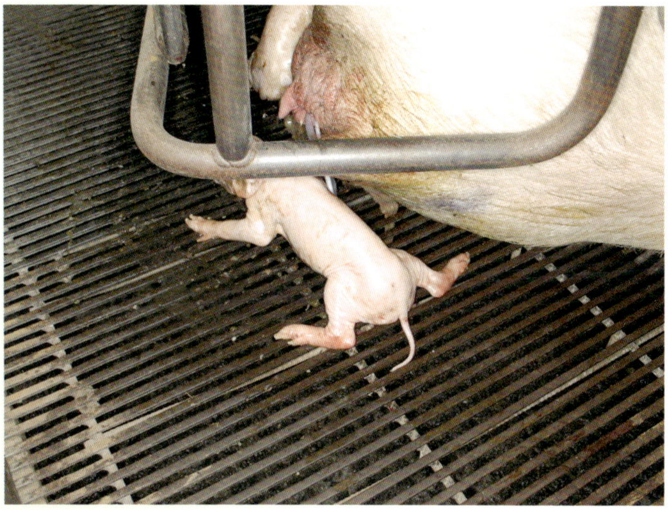

Bereit, um optimal Biestmilch aufzunehmen?

Sind die Bucht und die Sau bereit, so dass jedes Ferkel schnell und problemlos das Gesäuge erreichen und Biestmilch aufnehmen kann? Die größte Gefahr ist Unterkühlung: Unterkühlte Ferkel verhalten sich wie Betrunkene. Sorgen Sie für einen sauberen, nicht zu kühlen Raum hinter der Sau, der nicht zu glatt ist und keine Verletzungen verursacht.

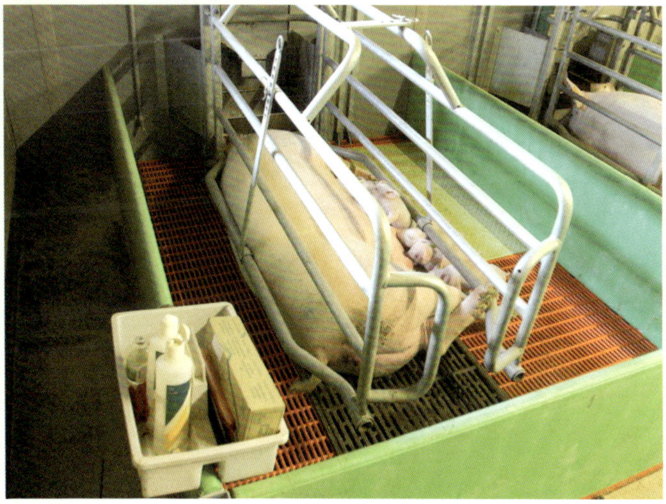

Bereit, um zu helfen?

Wenn alle Hilfsmittel sauber und gebrauchsbereit in Reichweite liegen, werden sie auch rechtzeitig verwendet. Sorgen Sie dafür, dass Sie in der Nähe sind und regelmäßig kontrollieren, wenn eine Sau wirft.

Kräftige Ferkel, die ungestört ihren Weg zu den Zitzen finden und dort viel Biestmilch aufnehmen. Darum geht es am ersten Tag. Das Ferkel muss seinen Weg selber finden. Es orientiert sich am Geruch des Gesäuges, an der Wuchsrichtung der Haare und den Geräuschen der Sau.

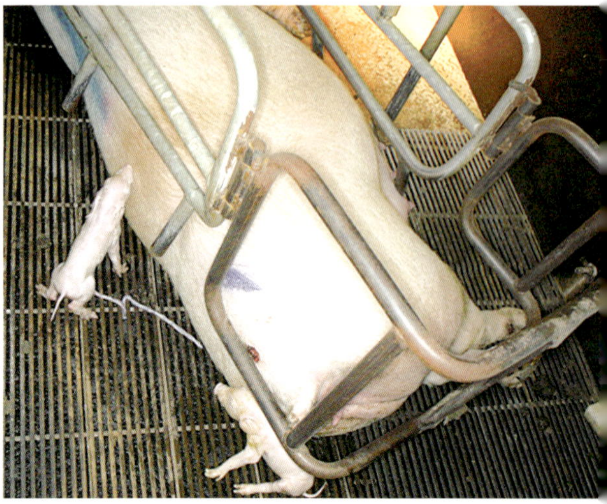

Der erste Tag

Geburt

Wenn es gut geht, trinken Ferkel in den ersten zwölf Stunden fünfzehn Mal je 15 ml Biestmilch. Diese Biestmilch enthält den Brennstoff, mit dem sich das Ferkel warm halten kann.
In den ersten Stunden gibt die Sau die Milch durchgehend ab. Später säugt sie ihre Ferkel in Abständen von etwa einer Stunde. Das Abferkeln sollte pro Ferkel nicht länger als eine Viertelstunde dauern. Dauert es länger, dann ist das ein Hinweis darauf, dass die Vitalität der Sau nicht optimal ist oder dass das Ferkel verkehrt liegt.

Die Biestmilchaufnahme ist eine lebensnotwendige Voraussetzung. Das neugeborene Ferkel besitzt selber keine Abwehrstoffe. Außerdem liefert Biestmilch Energie, die das Ferkel warm hält und die benötigten Eiweiße zum Wachsen.

Mehr Ferkel als Zitzen

Das Umsetzen muss für das Ferkel ein Vorteil sein. Denken Sie daran, dass neue Rangordnungskämpfe die optimale Biestmilchaufnahme erschweren und die körpereigene Abwehr herabsetzen. Wunden, die dabei entstehen, sind Eingangspforten für Keime. Nur wenn ein Ferkel bei der Sau zu wenig Milch trinken kann, ist das Umsetzen sinnvoll. Stellen Sie sicher, dass das Ferkel vorher bereits viel Biestmilch aufgenommen hat.

Standardisierte Abläufe haben den Vorteil, dass Kontrollen einfacher werden. Ferkel, die ein Problem haben, fallen schnell auf. Aber alle Ferkel bezahlen für heftige Rangordnungskämpfe einen Preis. Der Kraftunterschied zwischen den Ferkeln ist klein, es dauert also länger, bevor aus den Kämpfen ein Sieger hervorgeht. Mit den Ferkeln setzen Sie auch eventuell Keime mit um. Je später Sie umsetzen, desto größer ist dieses Risiko.

Erdrücken

Mit ihrem großen Körpergewicht legt sich die Sau mit einem Satz hin, so vorsichtig sie dies auch tut. Ferkel geraten schnell unter ihren Leib und werden eingeklemmt. Für Erdrückungsverluste sind sowohl die Sau (z.B. Fundamentprobleme) als auch die Ferkel (z.B. Lebensschwäche) verantwortlich.

Für die Sau ist es wichtig, mühelos aufstehen oder sich hinlegen zu können. Dabei spielen ihr Beinwerk und der Halt, den ihr der Boden gibt, eine wesentliche Rolle. Die Ferkel müssen ein geräumiges und bequemes Nest haben. Sie neigen dann weniger dazu, sich auf die Liegefläche der Sau zu legen (der lange angenehm warm bleibt, nachdem sie aufgestanden ist).

Frierende Ferkel suchen nach Wärme und kriechen an die Sau heran. Frierende Tiere reagieren auch träge, zum Beispiel auf die Sau, die sich aus dem Sitzen hinlegt.

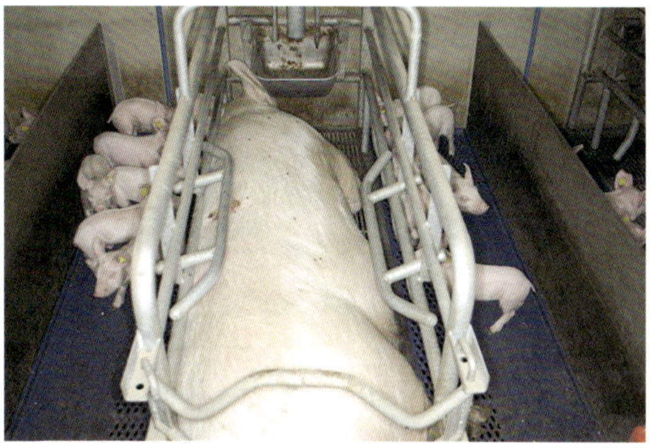

Der Kastenstand für die Sau verhindert, dass die Ferkel erdrückt werden. Doch ein stark eingeschränkter Bewegungsraum kann bewirken, dass die Sau auf das Geschrei eines eingeklemmten Ferkels nicht mehr reagiert. Daneben besteht die Gefahr, dass die Sau zu wenig aufsteht, um zu fressen und zu trinken, und dass sie sich verletzt. Achten Sie auch darauf, dass das Gesäuge gut zugänglich ist.

Warten Sie nicht zu lange

Greifen Sie ein, wenn es länger als 45 Minuten dauert, bevor das nächste Ferkel kommt oder wenn das zuletzt geborene Ferkel bereits ganz trocken ist. Sorgen Sie für eine saubere Scheide, saubere Arme und gebrauchen Sie reichlich Gleitmittel.

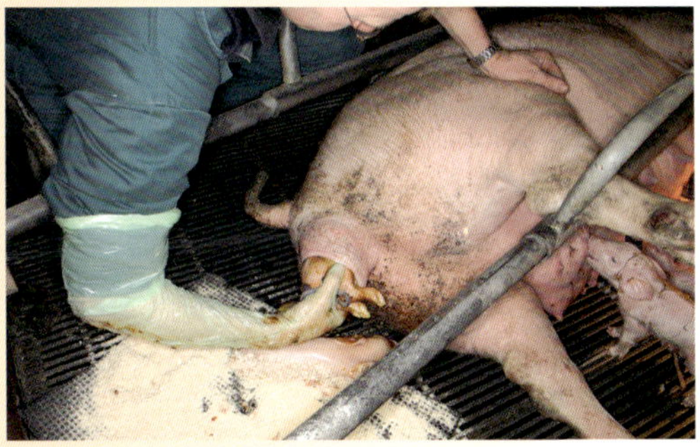

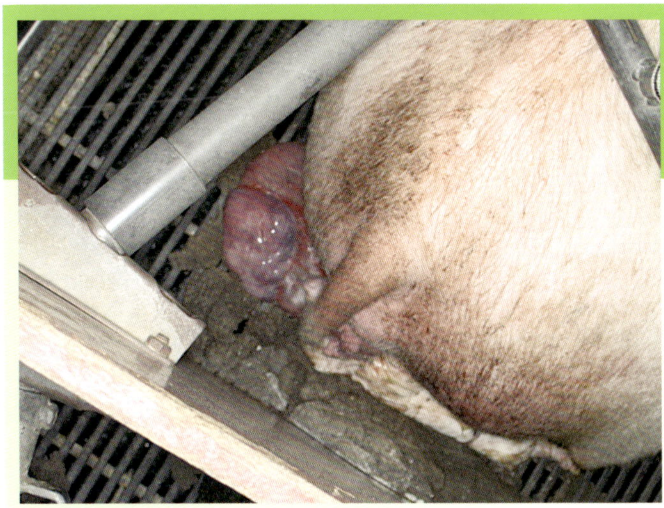

Beobachten - denken - handeln

Sie arbeiten in einem Schweinebetrieb und Sie sehen dies. Was tun Sie?

Hinter der Sau ist kein Platz. Dadurch werden die Ferkel während der Geburt eingeklemmt. Eine Querstange sorgt in vielen Fällen dafür, dass die Sau weiter vorne bleibt. Diese Box ist zu kurz, hier muss Platz geschaffen werden. Kot enthält Krankheitserreger und muss weggeräumt werden.

Beurteilung der Futteraufnahme

Bei einer Kontrolle kann man sehen, ob die Sau und die Ferkel heute genügend fressen. Diese Seite zeigt die wichtigen Signale. In der Praxis geben Veränderungen auch wichtige Information ab: Sauen und Ferkel, die sich anders verhalten, andere Geräusche, andere Gerüche. Um diese Information aufzufangen, muss der Betreuer aufmerksam sein. Zwischen den verschiedenen Betreuern muss ein guter Informationsaustausch stattfinden.

Suchbild
Was bedeutet das?

Schimmel, Gärung und Fäulnis beeinträchtigen die Schmackhaftigkeit des Futters. Es können dabei Giftstoffe entstehen. Das kann zu einer Sau führen, die alles weniger tut: sie frisst weniger, trinkt weniger, gibt weniger Milch und wird schneller krank. Das Risiko für Ferkelsterblichkeit erhöht sich.

Säugeverhalten

Die Sau legt sich auf die Seite und lädt die Ferkel mit einem speziellen Knurrlaut zum Säugen ein. Darauf beginnen die Ferkel zu wühlen und zu saugen, wodurch die Sau die Milch abgibt. Oft meldet sich vor dem Säugen ein Ferkel beim Kopf der Sau, das mit Grunzen Milch verlangt.

Ungefähr eine halbe Minute lang gibt die Sau reichlich Milch, was sie mit einem regelmäßigen, dunklen ‚groink-groink-groink' angibt. Wenn die Säugeperiode vorbei ist, knurrt die Sau wieder ein anderes Geräusch. Die Ferkel massieren/bestupsen das Gesäuge noch eine Zeit lang mit ihrem Rüssel. Die Sau lässt das zu oder legt sich auf ihren Bauch.

Die Natur

Während der ersten zwei bis drei Lebenstage bleibt eine Bache fortwährend bei ihren Frischlingen im Nest. Danach bleiben die Frischlinge im Nest, während die Bache Futter sucht. Ab dem sechsten Tag begleiten die Frischlinge ihre Mutter. Am siebten Tag verlassen sie das Nest für immer, um sich am zehnten Tag der Rotte anzuschließen.
Beginnen Sie mit dem Zufüttern der Ferkel etwa am siebten Lebenstag.

Signale genügender Milchabgabe

Sausignal

Bequem liegen, mit einem Fuß auf einer Stange. Ein Zeichen, dass sich die Sau gut fühlt und gerne säugt. Am ersten Tag sind die Ferkel noch auf der Suche nach der Zitzenordnung.

Ferkelsignal

Ruhig saugende, glänzende Ferkel mit dicken Rücken. Schwarze Stellen auf ihrem Nasenrücken sind von der Milch, die auf die Ferkelnase fällt, wenn die Sau die Milch abgibt.

Signale ungenügender Milchabgabe

Sausignale

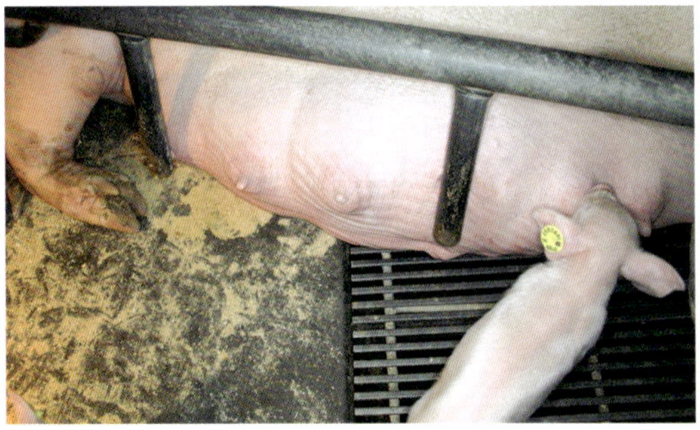

Ein schlaffes, mäßig gefülltes Gesäuge.

Die rechte Sau legt sich auf ihren Bauch, während die anderen Sauen säugen. Sie hat zu wenig Muttermilch und schützt ihr Gesäuge gegen ihre (beißenden) Ferkel.

Ferkelsignale

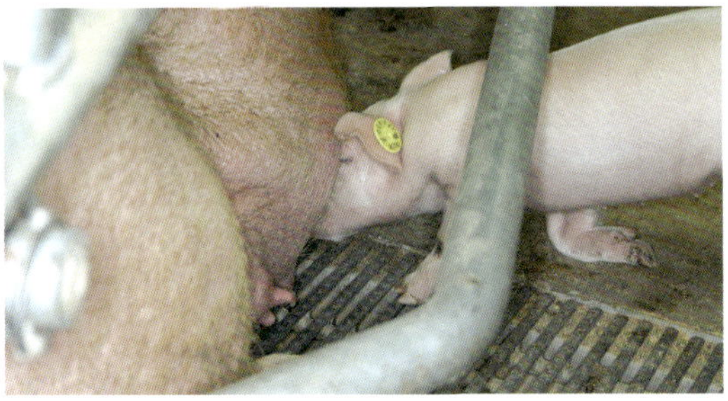

Zahlreiche Knieverletzungen sind ein Signal, dass die Ferkel oft nach Milch suchen oder dass der Boden zu rau ist oder beides.

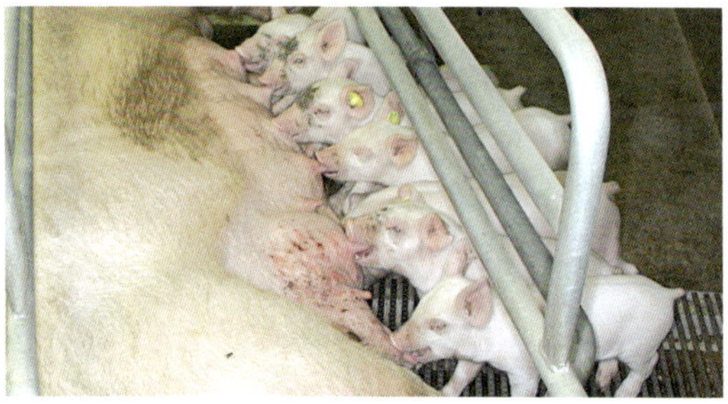

Das Gesäuge ist von unruhigen, stupsenden und beißenden Ferkeln verletzt. Vor allem die hintersten Zitzen fallen dem zum Opfer. Auch stehend bearbeiten die Ferkel das Gesäuge auf der Suche nach Milch. Vor allem bei einem plötzlichen Rückgang der Milchleistung reagieren sie heftig.

Der Prozess

Kontrollieren

'Gibt diese Sau nun gut Milch?' und 'Wie viel Milch gibt diese Sau während ihrer Abferkelperiode?' Außer dass Sie wissen wollen, ob Sau und Ferkel zu einem bestimmten Zeitpunkt gut fressen und trinken, möchten Sie auch sicher sein, dass diese Tiere durchgehend gut fressen und trinken.

Dabei heißt 'gut' nicht nur, dass sie gesund bleiben, sondern auch dass sie optimal wachsen und Milch geben. Um dies zu erfahren, gibt es Messpunkte, die über einen längeren Zeitraum Information liefern. Zum Beispiel die Futteraufnahme pro Woche, das Wachstum während der Abferkelperiode und der Prozentsatz Ausfälle.

Wasser messen

Wie wissen Sie, ob eine Sau genügend trinkt? Ein Wasserzähler zeigt das mit Sicherheit an. Die Sau trinkt mindestens 20 Liter pro Tag, abhängig von der Umgebungstemperatur. Wenn das Tier ohne Schwierigkeiten aufsteht und ihr Futter auffrisst, wenn ihr Kot nicht zu hart ist, wenn die Ferkel genügend Milch erhalten und der Nippel genügend Wasser liefert (≥ 2 Liter/Min), wird sie wahrscheinlich genügend trinken. Trinkende Ferkel bei einer stehenden Sau sind ein Signal, dass die Sau wenig Milch gibt.

Futter wiegen

Die Menge Futter, die eine Sau frisst, sagt aus, wie viel Energie und Nährstoffe sie wirklich aufnimmt. Kontrollieren Sie nach jeder Futterlieferung, ob das Fütterungssystem auch wirklich die eingestellte Menge liefert.

Ferkel wiegen

Der Erfolg im Abferkelstall wird zum größten Teil vom Wachstum der Ferkel bestimmt. Ein gutes Wachstum sagt aus, dass die Ferkel viel Milch aufnehmen. Wenig Wachstum zeigt, dass die Milchaufnahme ungenügend ist. Die Entwicklung des Ferkels – Glanz und Bemuskelung – ergibt ein Bild der Aufnahme, aber Wiegen liefert die zuverlässigste Information. Der beste Maßstab ist das Gewicht eines Wurfs beim Absetzen. Setzen Sie sich Ziele, die für Sie auf Ihrem Betrieb eine Herausforderung darstellen, aber auch erreichbar sind.

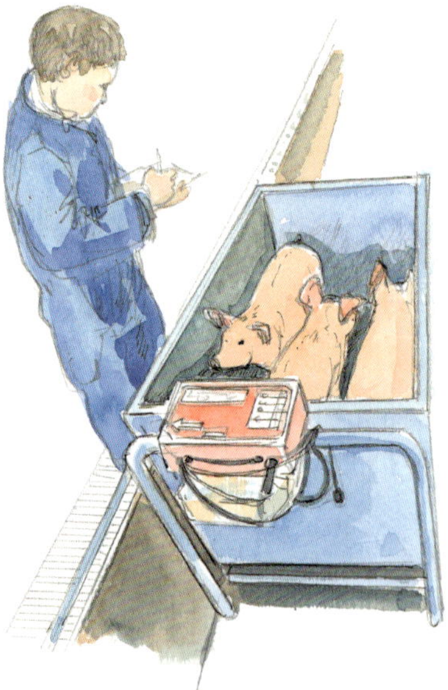

Risikogruppen als Kontrolle
Futteraufnahme und auch andere Dinge können Sie am besten mit Hilfe von Risikogruppen kontrollieren. Weil diese Gruppen viel Aufmerksamkeit brauchen, können Sie daran auch Ihr eigenes Management prüfen.

Risikoferkel: Kleine Tiere Die Risiken sind hohe Ausfallrate und viel Arbeit. Wie viel leichte Ferkel gibt es prozentual? Wie leicht sind sie? Wie ergeht es diesen Ferkeln in Bezug auf Ausfall, Wachstum, Krankheiten? Gibt es ein Standardverfahren, wie mit kleinen Ferkeln umgegangen wird? Müssen Sie der Vermeidung von leichten Ferkeln mehr Aufmerksamkeit schenken? Ferkel, die weniger als 800 Gramm wiegen, haben kaum Überlebenschancen.

Risiko-Muttersauen: Jungsauen
Das Risiko besteht aus Problemen rund um die Geburt, Futteraufnahme, Totbeißen und Milchproduktion. Wie steht es mit der Leistung der Jungsauen und ihrer Ferkel betreffend Wachstum, Ausfall und Krankheiten? Ist das Jungsauenmanagement verbesserungswürdig?

Risiko-Muttersauen: alte Tiere
Risiken sind kleine Würfe und eine große Streuung im Geburtsgewicht. Wie viele Ferkel, wie viel Wachstum im Wurf? Hätten Sie früher remontieren müssen oder dürfen Sie flexibler sein?

Kennen Sie sich selbst
Arbeiten im Abferkelstall heißt sehr viele Sauen und Ferkel betreuen. Die Betreuung verlangt Sorgfalt und Geduld, bei jedem Schwein. Es gibt Menschen, die von Natur aus sehr genau und aufmerksam sind und immer sorgfältig arbeiten. Andere besitzen diese Eigenschaften weniger. Sie müssen sich dafür bewusst Mühe geben. Wenn Sie sich selbst gut kennen, können Sie ihre starken Punkte besser nutzen und sicherstellen, dass sich Ihre schwachen Punkte nicht nachteilig auswirken.

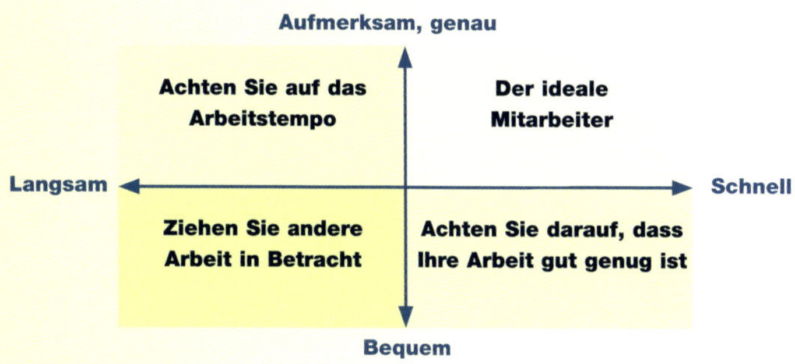

Durchschnitt und Streuung
Im Durchschnitt sind diese Ferkelgruppen gleich schwer. Schlussfolgerung: Sie müssen den Durchschnitt und die Unterschiede (Streuung) kennen, um beurteilen zu können, wie bestimmte Prozesse, wie z.B. das Wachstum im Abferkelstall, verlaufen sind.

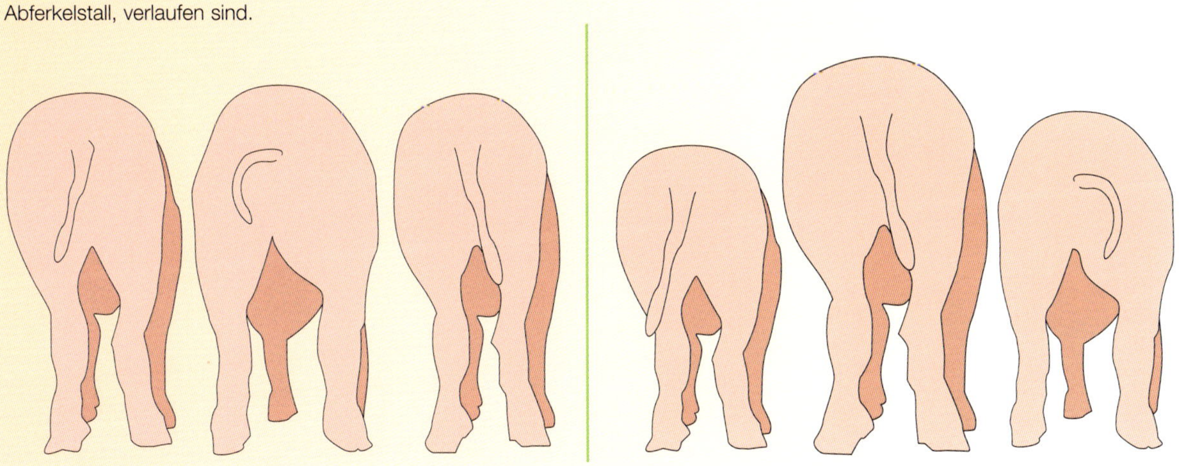

Die Umgebung in Ordnung

Licht

Schweine sind Tagtiere. Von Natur aus leben sie vor allem in Wäldern und kommen selten an die pralle Sonne.
Die Tageslänge beeinflusst den Fortpflanzungsrhythmus und möglicherweise auch Fressverhalten und Milchproduktion.
Genügend Licht ist aber auch eine Grundvoraussetzung, um die Arbeit im Abferkelstall gut ausführen zu können. Der Betreuer muss alles ausgezeichnet sehen können und sich wohl fühlen.

Nachdem die Zitzenordnung bestimmt ist, kämpfen die Ferkel kaum mehr untereinander. Für eine effiziente Verwendung des Buchtenraumes füllt man Abteile mit möglichst einheitlichen Gruppen abgesetzter Ferkel und Mastschweinen. Wenn zusammengestellt werden muss, erfolgt das am besten in der Abferkelperiode. Dann kämpfen die Ferkel am wenigsten. Doch auch so wird gekämpft, was negative Folgen für die Futteraufnahme hat und das Infektionsrisiko steigert.

Ein ruhiger und vertrauter Umgang mit den Schweinen sorgt für Ruhe in den Ställen und bei den Tieren. Dadurch entsteht sehr wenig Stress, viele Probleme werden vermieden. Das zeigt sich in mehr Wachstum und weniger Krankheiten und Ausfall.

Die Natur

Wildschweine werfen im März/April vier bis acht behaarte Frischlinge. Eine Bache wiegt 110-120 kg. Hausschweine produzieren während des ganzen Jahres Würfe mit jeweils zehn bis achtzehn kahlen Ferkeln. Erwachsene Sauen wiegen 200-240 kg. Nach etwa vier Tagen gehen die Ferkel auf Entdeckungsreise und beginnen zu spielen. Ihr Spieltrieb erreicht in der vierten Woche seinen Höhepunkt.

Liegeplatz mit angenehmem Mikroklima

Ferkel, die frieren, liegen zusammengekauert auf dem Bauch. Sie suchen die Nähe von Wärmequellen, z.B. zu anderen Ferkeln oder zum Gesäuge der Sau. Ein Ferkel fühlt bei einer zu niedrigen Umgebungstemperatur Kälte. Größere Ferkel haben eine verhältnismäßig kleine Hautoberfläche und kühlen dadurch weniger schnell ab. Die Dicke der Unterhaut-Fettschicht (Speck) und die Futteraufnahme (= Brennstoff) bestimmen ebenfalls den Grad der Auskühlungsgefahr.

Feuchtigkeit bedeutet Gefahr. Nasse Stellen kühlen das Ferkelnest schnell ab, Ferkel mit nasser Haut kühlen schneller ab. Nasse Ferkel brauchen eine Umgebungstemperatur, die 6°C höher ist.

Zu warm

Richtig

Zu kalt

Die Ferkel liegen bequem, aber der Sau ist es offensichtlich zu warm. Sie liegt auf ihrer Brust und zum größten Teil auf den Spalten, um die Kontaktoberfläche mit dem warmen Boden möglichst klein zu halten. Sauen benutzen ihre Atmung, um sich zu kühlen und brauchen darum frische Luft im Kopfbereich.

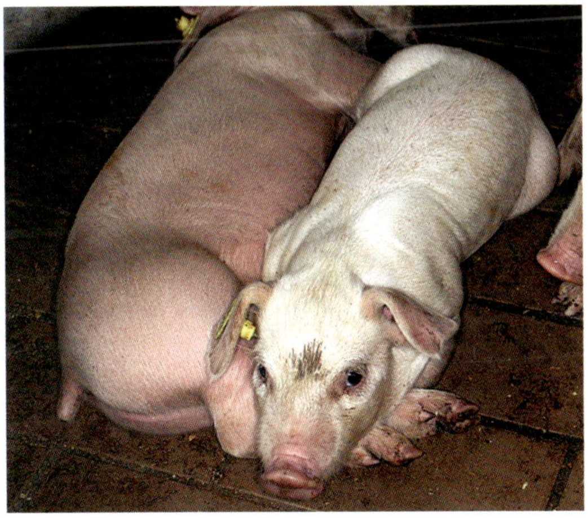

Ein krankes Ferkel muss eine höhere Umgebungstemperatur haben, um sich wohl zu fühlen. Sorgen Sie dafür, dass das Ferkelnest bei kranken Würfen wärmer ist. Dann erholen sich die Tiere besser. Bieten Sie auch Trinkwasser in Schalen an, sodass sie nicht austrocknen.

Keine Krankheit, guter Start

Neugeborene Ferkel werden zahlreichen Eingriffen und Maßnahmen unterzogen. Ein Teil davon ist für ihre Gesundheit notwendig, wie Eisenspritzen und die Behandlung von Krankheiten. Schwänze kupieren und Zähne schleifen dienen auch dazu, die Gesundheit von Ferkel und Sau sicherzustellen. Zähne abschleifen ist zwar meist nicht notwendig. Kastrieren und mit einer Ohrmarke versehen sind vom Ferkel aus gesehen nur eine Belastung. Diese Eingriffe setzen die Futteraufnahme sofort herab. Alle Maßnahmen sollten den Ferkeln möglichst keine Nachteile zufügen, weil das Ferkel sich in der empfindlichsten Zeit seines Leben befindet.

Schmerz bewirkt, dass Ferkel weniger trinken, weniger stehen und mehr liegen.

Krankheiten verlangen eine schnelle Erkennung und Behandlung. Weitere Verbreitung muss verhindert werden. Also kranke Tiere isolieren, Materialien reinigen und Buchten gewissenhaft desinfizieren. Stellen Sie sich die Frage: Kann ich das in Zukunft vermeiden?

Organisieren Sie Routinemaßnahmen gut und führen Sie sie vom Anfang bis zum Ende sorgfältig aus. Die Kosten eines qualitativ hochwertigen Zahnschleifers und Kupiergeräts sind gar nichts im Vergleich zu dem, was man mit angenehmer und guter Arbeit gewinnt. Beurteilen Sie regelmäßig die Qualität Ihrer Arbeitsweise und ihrer Hilfsmittel.

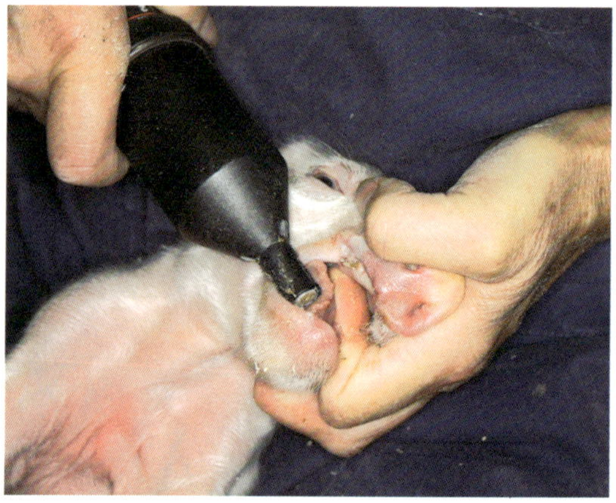

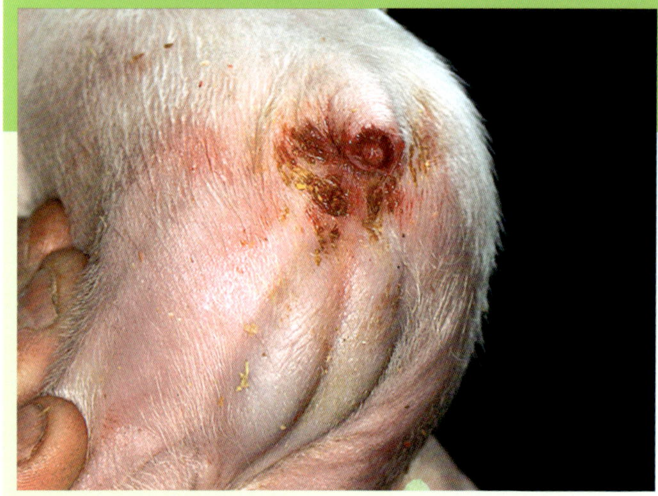

Beobachten - denken - handeln

Was ist hier schief gegangen? Was unternehmen Sie jetzt und wie verhindern Sie das in Zukunft?

Die Wunde blutet zu stark und wird zu lange offen bleiben. Verbessern Sie das Kupierverfahren. Dieses Ferkel hat Durchfall, was heißt, dass seine körpereigene Abwehr herabgesetzt ist. Es ist krank und kann eigentlich nicht operiert werden. Desinfizieren Sie die Wunde und verabreichen Sie ein Antibiotikum, um die Heilung zu fördern.

Signale einer guten Arbeitsweise

Gute Wunden sind trocken, wenig oder nicht geschwollen und zeigen keine Rötung. Kontrollieren Sie täglich bis alle Wunden abgeheilt sind.

Verbesserungswürdig

Entzündungen wegen unsachgemäß ausgeführter Eingriffe sind die Spitze des Eisbergs. Sie sind ein Signal, dass sehr viele Ferkel zu große Nachteile erleiden.

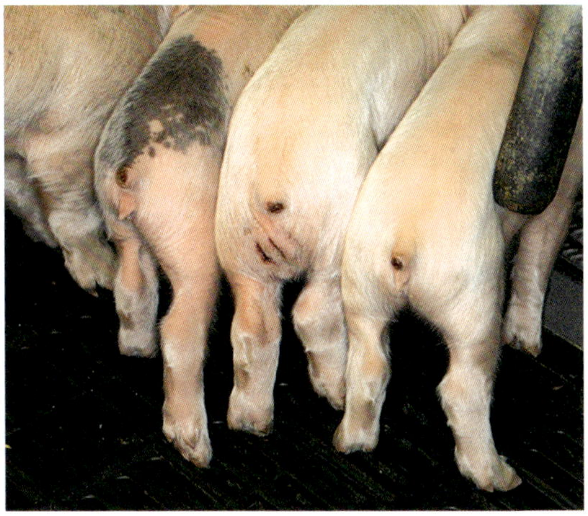

Diese Schwänze wurden zu kurz kupiert. Schwanz- und Kastrationswunden sind geschwollen und schmerzhaft. Außerdem haben diese Ferkel ein erhöhtes Risiko auf Gelenkentzündungen, Durchfall und Streptokokkeninfektionen.

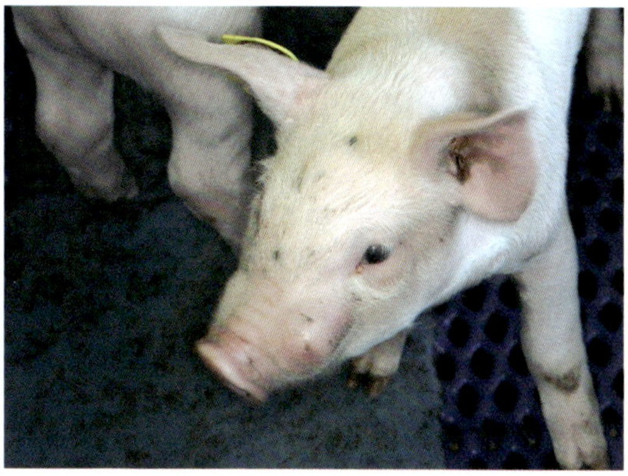

Die Nase dieses Ferkels ist geschwollen. Eine Wunde wegen unsachgemäßen Zähneschleifens hat zu einer Entzündung im Oberkiefer geführt.

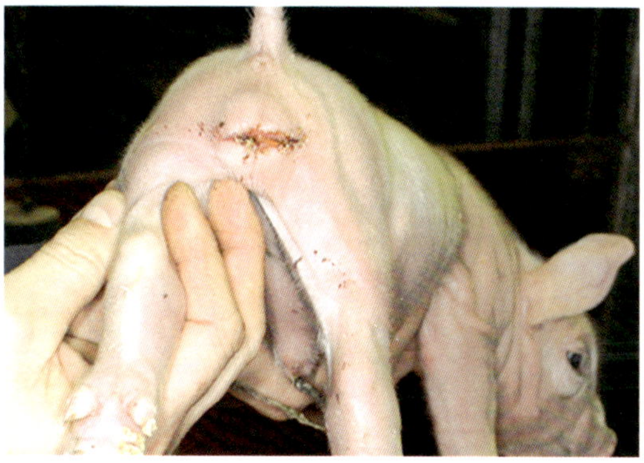

Eine geschwollene Kastrationswunde. Auch die Hinterbeine sind verdickt.

Verletzungen

Ein kräftiges Ferkel erholt sich auf den ersten Blick ohne Probleme. Aber auch bei diesem Tier wird die Widerstandskraft geschwächt und das Wachstum verzögert. Es ist anfälliger für andere Krankheiten.

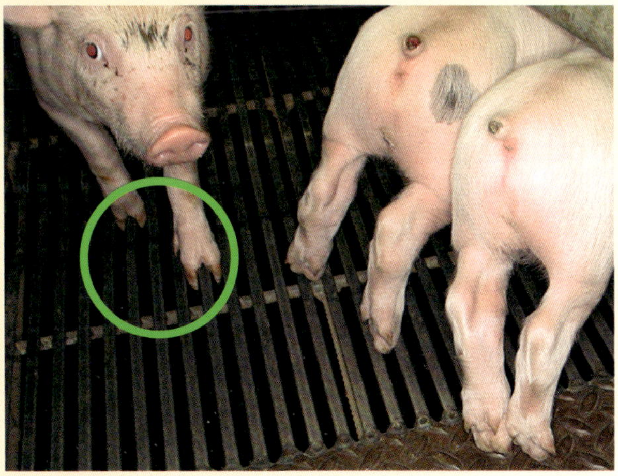

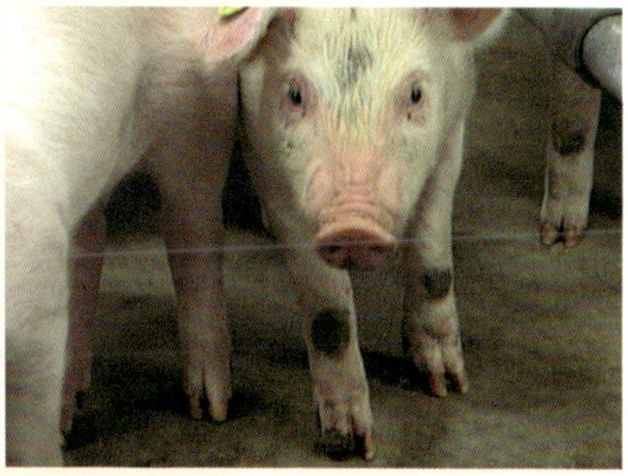

Ferkel verletzen ihre Klauen auf einem rauen Boden, scharfkantigen Spaltenböden und zu breiten Spalten. Unruhe verursacht weitere noch schlimmere Verletzungen.

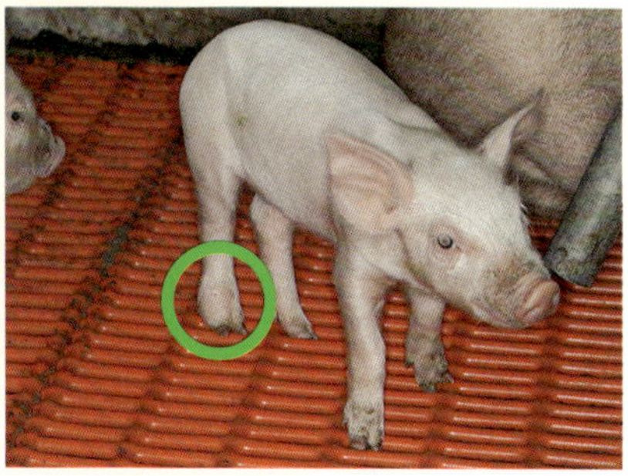

Einem schwachen Ferkel gelingt es nicht, von einer Wundinfektion zu genesen. Es entsteht ein Abszess. Dieses Ferkel hätte bereits mit Antibiotika behandelt werden müssen.

Vorbereitung auf das Absetzen

Absetzen ist ein Risikomoment. Bereiten Sie diesen Zeitpunkt deshalb gewissenhaft vor.
In der vierten Lebenswoche beginnt die Schutzwirkung aus der Biestmilch nachzulassen. Das eigene Abwehrsystem muss den Schutz des Ferkels allmählich übernehmen. Das Tier ist dadurch einige Wochen besonders anfällig für Infektionen mit Krankheitserregern. Schirmen Sie die Ferkel beim Absetzen und in den Wochen danach möglichst vor Infektionen ab.

Die wichtigsten Infektionsquellen in einem Betrieb sind kranke Schweine, ältere Ferkel und Sauen. Sorgen Sie außerdem dafür, dass die körpereigene Abwehr der Ferkel möglichst hoch bleibt. Das heißt zusätzliche Aufmerksamkeit für Futter- und Wasseraufnahme, möglichst viel Ruhe und ausreichender Komfort, saubere und trockene Buchten mit einem ausgezeichneten Klima, frisches und schmackhaftes Futter, auf die gleiche Art angeboten wie im Abferkelstall.

Kümmernde Ferkel müssen rechtzeitig von ihrem Leiden erlöst werden. Wenn bei der Behandlung offensichtlich wird, dass dieser Abszess nicht mehr abheilt, ist es am besten, das Ferkel möglichst schnell einschlafen zu lassen.

Suchbild

Was sehen Sie?

Die liegenden Ferkel haben alle gut gefüllte Bäuche und Mägen, runde Rücken und sie glänzen. Das stehende Ferkel hat einen leeren Bauch und sucht Fressen.
Aus irgendeinem Grund trinkt dieses Tier wenig. Vielleicht ist es krank oder hat eine Anomalie. Vielleicht kann es keine gute Zitze erreichen.

Selektion der Sauen

Am Ende der Abferkelperiode muss für jede Sau diese Frage beantwortet werden: Wird dieses Tier einen nächsten Wurf von elf bis zwölf Ferkeln problemlos werfen und aufziehen?
Eine Sau mit Problemen sollte rechtzeitig gemerzt werden. Bei einem optimal produzierenden Bestand werden im Allgemeinen vierzig Prozent der Sauen jährlich ersetzt.

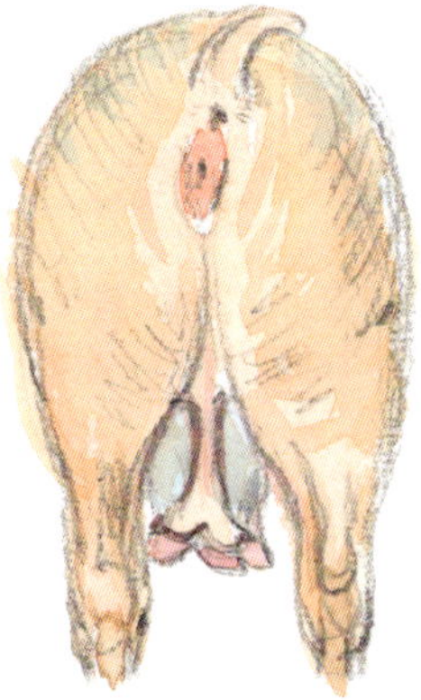

Achten Sie auf die Qualität des Gesäuges. Geben die nicht gesäugten Abschnitte in der nächsten Laktation noch Milch? Das Aufhängeband dieses Gesäuges ist viel zu lang geworden.

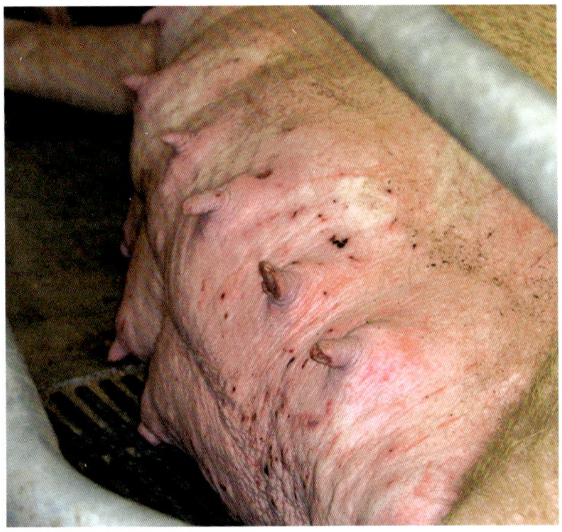

Die Ferkel haben diese Zitzen zerbissen. Wahrscheinlich ließ auch die Milchproduktion Wünsche offen. Das sind bereits zwei Gründe, um die Sau zu merzen.

Achten Sie bei der Auswahl auch auf die Qualität der Beine, so dass die Sau gut stehen kann (und also gut frisst und trinkt).

Mit Dank an PIC

Selektion = Vorsorge

Die Durchliegestelle auf der Schulter führt dazu, dass diese Sau beim Liegen Schmerzen hat. Das kommt, weil sie sehr mager ist und kein Fleisch und Unterhautfett mehr hat. Lahmheit, Krankheit oder andere Probleme können die Ursache sein. Legen Sie die Sau auf einen weichen Untergrund, zum Beispiel eine Gummimatte.
Verhindern Sie, dass andere Sauen dieselben Probleme bekommen, indem Sie der Speckdicke bzw. Kondition und dem Beinwerk (Selektion) Aufmerksamkeit schenken. Kontrollieren Sie den Prozentsatz Hautschäden.

Krankheiten

Für alle Krankheiten und Erkrankungen gilt: Je früher Sie mit der Behandlung beginnen, desto kleiner ist der Schaden. Also müssen Sie Krankheiten möglichst früh erkennen und anschließend schnell und wirksam behandeln. Die am meisten vorkommende Ursache eines bestimmten Krankheitsbildes und die beste Behandlung können für jeden Betrieb wieder anders aussehen. Bemühen Sie sich um eine gute Zusammenarbeit mit einem Tierarzt, so dass dieser Behandlungspläne nach Maß empfehlen kann.

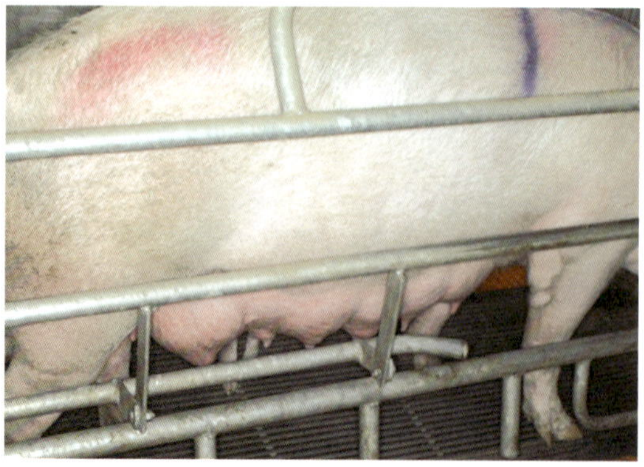

Das Gesäuge stülpt sich aus und die Grenzen des Gewebes sind deutlich zu sehen. Der Gesäugeabschnitt fühlt sich hart an. Die Ferkel haben wenig getrunken. Die Körpertemperatur der Sau ist erhöht: mehr als 39,5°C.

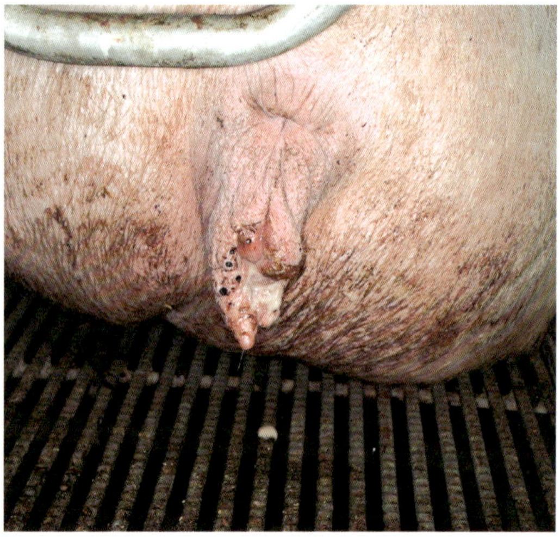

Diese Sau hat kurz nach der Geburt einen eitrigen Ausfluss, in Kombination mit einer Schwellung und einer Vulvaverletzung. Dies weist auf eine Entzündung der Scheide beziehungsweise der Gebärmutter hin. Oft entsteht das durch eine Verletzung der Wand, meist durch Geburtshilfe, manchmal auch durch die Geburt selbst. Behandeln Sie die Sau mit Antibiotika. Wenn die Sau Fieber hat und weniger frisst, ist unterstützende Behandlung nötig.

Beobachten - denken - handeln
Was sieht man hier?

Auf dem Boden liegt Erbrochenes, bestehend aus geronnener Milch. Auch gelber, dünner Durchfall liegt dort. Ein Ferkel hat Durchfallkot am Anus. Die drei Ferkel im Vordergrund haben einen leeren Bauch, wahrscheinlich wegen eines leeren Magens (Erbrechen) und leeren Därmen (Durchfall). Das Ferkel mit seinem Bauch auf der Stange hat einen vollen Magen. Die Ferkel haben also getrunken. Liste der möglichen Ursachen:

- Infektion mit Rotaviren
- allergische Reaktion (nach Injektionen)
- andere Erkrankungen

Nähere Untersuchung und der Verlauf nach Beginn einer Behandlung erleichtern es, die Ursache herauszufinden.

Durchfall bei Ferkeln

Austrocknung ist die größte Gefahr bei Durchfall. Schalen mit Trinkwasser oder einer Elektrolytlösung vermindern dieses Risiko. Erneuern Sie die Elektrolytlösung alle zwei Stunden, denn Bakterien vermehren sich darin sehr schnell. In sauberem Wasser dauert das länger.

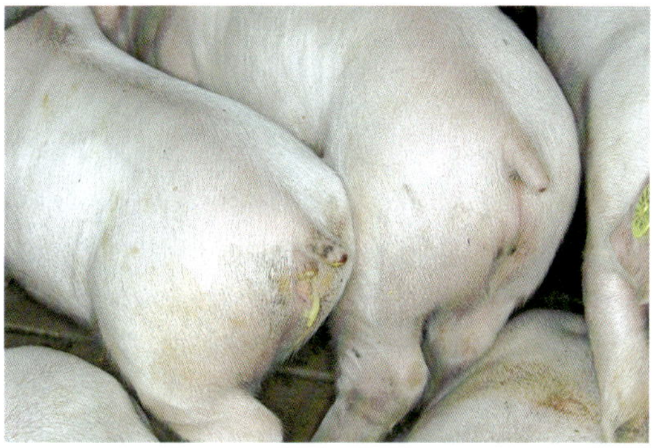

Dünner, gelber Durchfall bei einem zwei Wochen alten Ferkel. Die wahrscheinlichste Ursache ist Kokzidiose. Die Ferkel magern ab, aber die Sterblichkeit ist gering.

Durchfallschema

Der Typ Durchfall bei Ferkeln ist oft altersabhängig. Das Schema zeigt Typen, Ursachen, Behandlung und Vorsorge. Pflegemaßnahmen sind ein optimales, bequemes Ferkelnest, das Verabreichen einer Elektrolytlösung und eine tiergerechte Betreuung. Für alle Krankheiten gilt: Verhindern Sie eine Verbreitung der Krankheitserreger, die von den kranken Tieren ausgehen.

Zeitraum	Beschreibung	Verursacher	Behandlung	Vorsorge
ab Tag 1	Kolidurchfall	*E.coli*	Antibiotika und Pflege	Impfung der Sau; Biestmilchaufnahme; Mikroklima des Abferkelstalls; Betriebshygiene und Abferkelstallhygiene.
ab Tag 2-3	Blutiger Durchfall	Clostridium perfringens	Antibiotika und Pflege	Reinigung und Desinfektion des Abferkelstalls; Impfung der Sau
ab Tag 3	Gelber Durchfall	Rotavirus	Flüssigkeitsaufnahme und Pflege	Biestmilchaufnahme; Reinigung und Desinfektion des Abferkelstalls; Vermeidung der Übertragung von kranken Ferkeln aus.
Tag 7-14	Kokzidiose	Isospora suis	Pflege	Präventiv Antikokzidlosemittel; gründliche Reinigung und Desinfektion des Abferkelstalls.

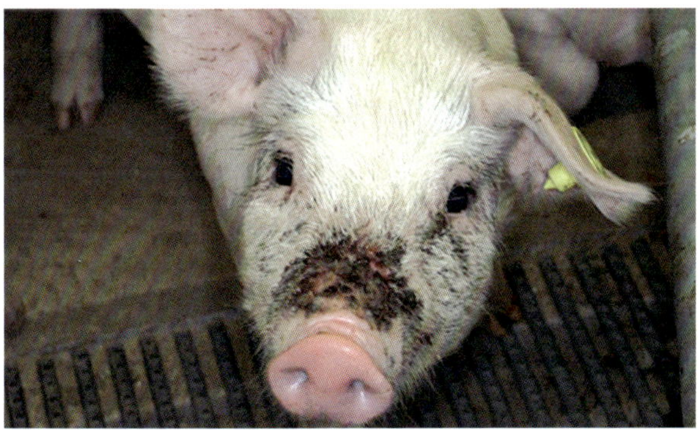

Pechräude, Ferkelruß und Nässendes Ekzem werden von dem Bakterium Staphylococcus hyicus verursacht. Die Sau trägt dieses Bakterium auf sich. Ferkel mit zu wenig körpereigener Abwehr entwickeln diese Krankheit, ebenso Ferkel von Erstlingssauen mit wenig gezielten Abwehrstoffen in der Biestmilch. Meist geht es von Hautverletzungen aus. Hier ist die nässende Stelle auf der Nase der Ausgangspunkt. Behandeln Sie befallene Ferkel mit Antibiotika. Desinfizieren Sie Verletzungen, z.B. von Kämpfen.

Zehn Kontrollpunkte für Sauen im Abferkelstall

1 **Anteilnahme an der Umgebung, Verhalten, allgemeiner Eindruck, Futtertrog leer?**

2 **Verfügbarkeit von Wasser (Nippel gibt 2,5 Liter pro Minute).**

3 **Futteraufnahme: Menge, Futter nicht verdorben, steht die Sau genügend oft auf?**

4 **Kot: glänzend, geformt, einfach zu zerdrücken.**

5 **Harn: Farbe und Beimengungen (Eiter, Ausfluss).**

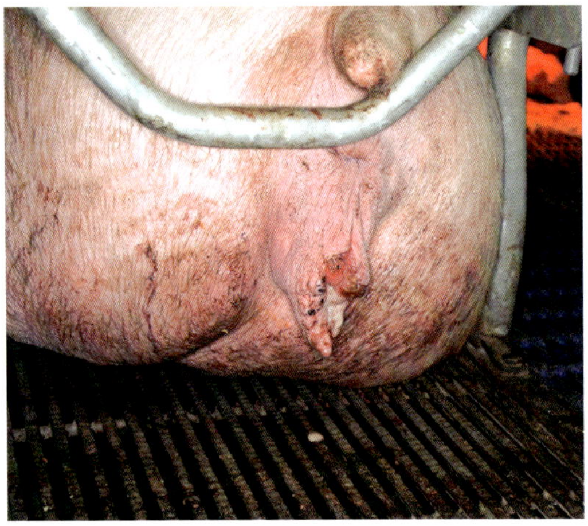

6 **Hautfarbe, Wunden.**

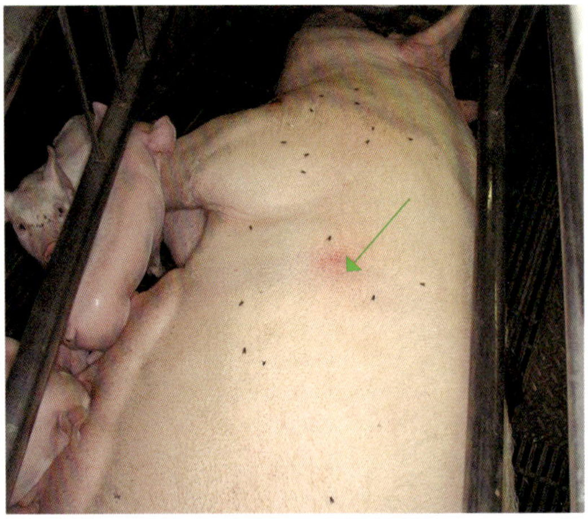

7 **Gesäugegesundheit: Temperatur, Schmerzempfindlichkeit, hart/ weich, Knoten.**

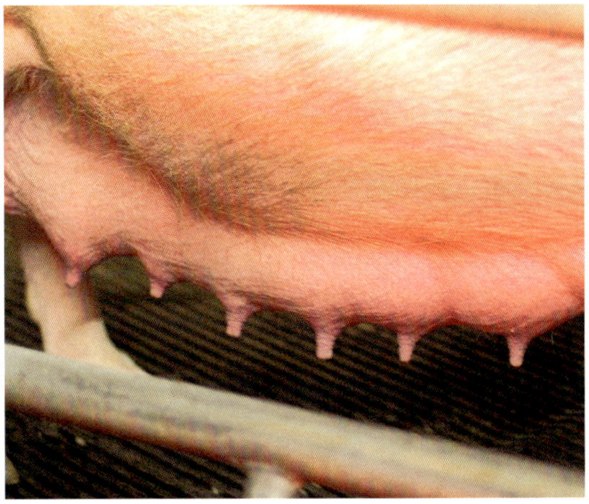

8 **Körpertemperatur: normal sind 38,5-39,0°C. In einer warmen Umgebung steigt diese an. Mehr als 39,5°C heißt wahrscheinlich Fieber.**

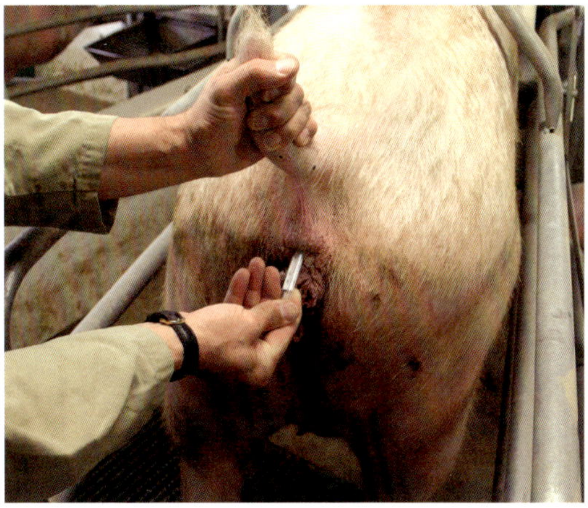

9 **Atemfrequenz: 12-30/Minute. Bei Atemwegsproblemen und durch eine erhöhte Körpertemperatur (Fieber, zu warmer Stall) entsteht Kurzatmigkeit.**

10 **Auffallende Abweichungen, zum Beispiel Erbrechen, Scheu, übermäßige Wölbung des Bauchs, Jucken.**

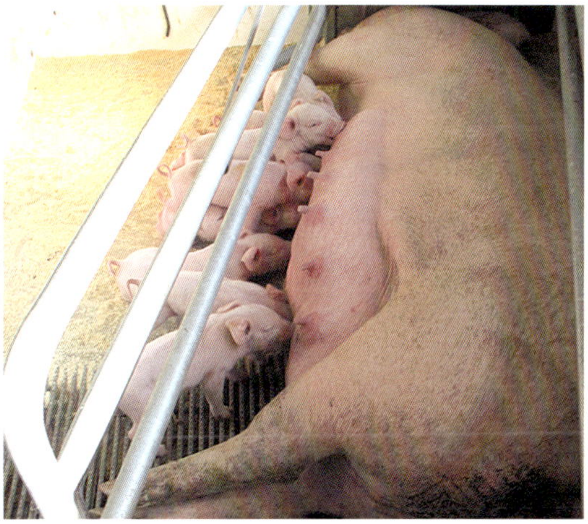

Berücksichtigen Sie bei Entscheidungen die Vergangenheit der Sau (Sauenkarte!) und die Erblichkeit (Umgehen mit Stress)

Bitten Sie Ihren Tierarzt um einen betriebsindividuellen Behandlungsplan.

Kontrollpunkte für Ferkel

Kontrollieren Sie den (einheitlich gemachten?) Wurf auf:

1 Durchschnitt und Streuung in:

- Größe
- Farbe, Glanz und Haarkleid
- Bauchfüllung/Magenfüllung
- Erscheinungsbild und Gesundheit der Haut, Klauen, Schwänze, Wunden
- Verschmutzung

2 Liegeverhalten: Wärme suchen, Abkühlung suchen

3 Verhalten: Ruhe, Spiel, keine Aggression

4 Angelegenheiten, die hier auffallen (AHA)

Kontrollieren Sie bei jedem Ferkel:

1. Anteilnahme an der Umgebung, allgemeiner Eindruck.
2. Verhalten: kein Frieren, keine Angst, kein krummer Rücken (Bauchschmerzen)?
3. Haut: glänzend rosa, keine Wunden.
4. Eventuell vorhandene Wunden heilen gut.
5. Futteraufnahme und Wasseraufnahme: gut gefüllte Bäuche, Fleischigkeit.
6. Verschmutzung: saubere Ferkel.
7. Gelenke: trocken (nicht geschwollen), nicht schmerzhaft.
8. Auffälligkeiten.

Normwerte für Ferkel

Herzschläge	50 pro Minute
Atemzüge	30 pro Minute
Temperatur	38,5-39,5 °C

Achten Sie auf einen guten Arbeitsplatz

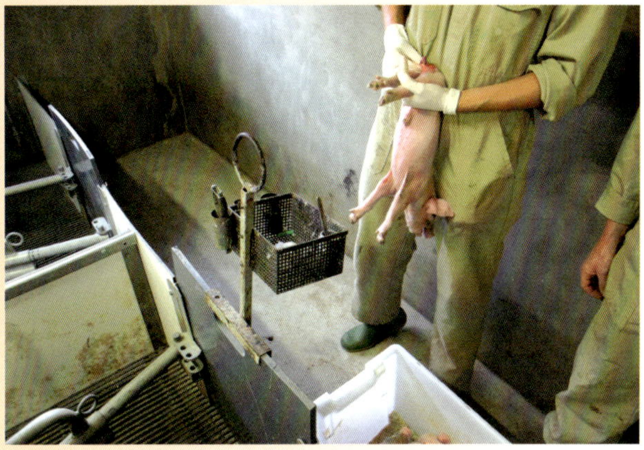

Arbeitsqualität und Arbeitsfreude kann man sich schaffen. Viel Licht, ausgezeichnete Materialien, ein guter Arbeitsplatz, und wissen, was Sie tun und warum.
Dies ist ein Beispiel eines einfachen Arbeitsplatzes um Ferkel zu kastrieren. Alles befindet sich auf richtiger Arbeitshöhe. Das (neue) Messer liegt in einer Desinfektionsflüssigkeit. Das Tüchlein enthält ein Desinfektionsmittel auf Basis von Alkohol.

Suchbild

Was sehen Sie an diesen Ferkeln?

Ferkel 1 hat einen leeren Bauch. Dieses Ferkel hat Pflege nötig, denn es trinkt und frisst zu wenig. Warum ist das so? Ferkel 2 ist blasser als die anderen. Dieses Ferkel hat Aufmerksamkeit nötig, denn es wird möglicherweise krank. Ferkel 3, 4 und 5 glänzen. Sie haben einen dicken Rücken und einen vollen Bauch. Es geht ihnen gut.

KAPITEL 4

Trächtig werden

Foto: Marcel Bekken

Weil das Schwein das ganze Jahr Ferkel produzieren kann, eignet es sich ausgezeichnet für die wirtschaftliche Nutzung. Die Ferkelzahlen je Sau und Jahr bestimmt noch immer zu einem wichtigen Teil die ökonomischen Ergebnisse eines Zuchtbetriebs. Die Grundlage hierfür wird im Deckstall gelegt. Der Erfolg hängt stark von der Fachkenntnis des Betreuers ab.

Tun Sie die richtigen Dinge und tun Sie die richtigen Dinge gut?

Fachkenntnis und Erfolg gehen Hand in Hand. Um den optimalen Besamungszeitpunkt festzustellen, müssen Sie die Sauen gut beobachten. Die Ergebnisse der Besamungen hängen anschließend wieder von der Fertigkeit des Besamers ab. Das Ergebnis im Deckstall wird von weiteren Faktoren beeinflusst, unter anderem auch von der Qualität der Abferkelperiode. Das Management spielt eine wichtige Rolle: die Zuchtsauenlinie, die Verwendung eines Suchebers, die Zuchtsauenselektion, die Eberlinie und die Aufbewahrung und Verarbeitung des eingesetzten Spermas.

Die Natur

In der Natur findet die Paarung meist im späteren Herbst statt, so dass die Frischlinge am Ende des Winters geboren werden. Ein umherstreifender Keiler deckt die Bache und entfernt sich wieder. Deckung durch mehrere Keiler kann zu einem Wurf Frischlinge mit verschiedenen Vätern führen. Der Fortpflanzungszyklus von Wildschweinen ist an Jahreszeiten gebunden, hängt aber auch mit dem Futterangebot zusammen. Im Herbst gibt es Eicheln, ein reichhaltiges und sehr begehrtes Futter. In fruchtbaren Jahren ziehen Bachen zwei Würfe pro Jahr auf.

Geschlechtsorgane

Kenntnisse zum Aufbau und Funktion der Geschlechtsorgane sind notwendig, um Belegung, Eisprung und Befruchtung verstehen zu können.

Der Eber

Der Vorhautbeutel eines Ebers enthält eine Mischung von Harn, Sperma und abgestorbenen Hautzellen. Der Geruch dieses Materials erhöht die sexuelle Anziehungskraft des Ebers. Das Ausschachten des Penis findet durch eine Kombination von Schwellung und Ausstrecken der S-Biegung statt.

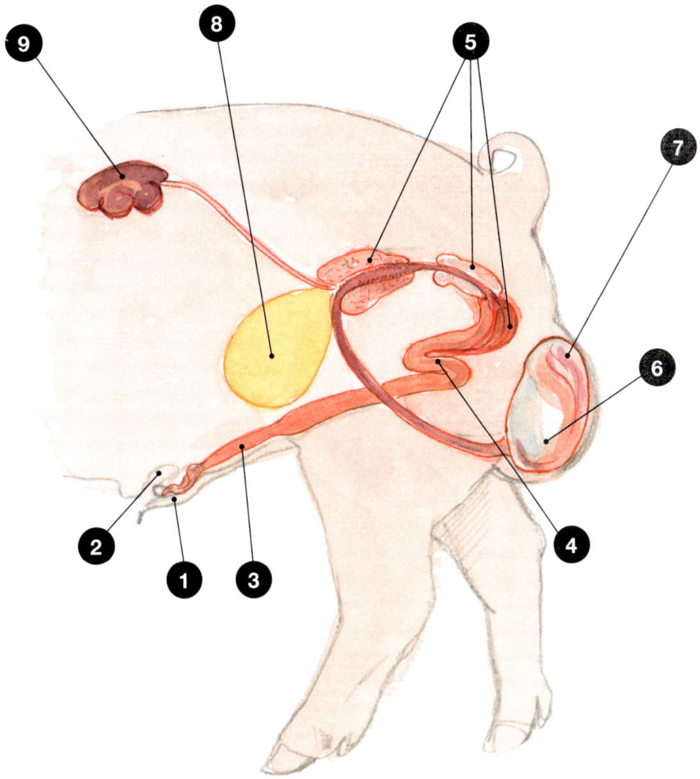

1. Vorhaut, Schacht (Präputium)
2. Vorhautbeutel
3. Penis
4. S-Biegung
5. Zugehörige Geschlechtsdrüsen (Samenblasendrüse, Prostata, Cowper'sche Drüsen)
6. Hoden (Testikel)
7. Nebenhoden (Epidydimis)
8. Harnblase
9. Niere

Die Sau

Nach dem Decken/Besamen zieht sich die Gebärmutter zusammen. So wird das Sperma zum Eileiter transportiert, wo die Befruchtung stattfindet. Die große Spermienmenge ermöglicht diesen Prozess. Bei nicht trächtigen Sauen beträgt der Abstand vom Gebärmutterhals bis zum Eileiter 0,60 bis 1 Meter, mit Abweichungen bis zu 1,5 Metern.

Die Embryos verteilen sich gleichmäßig in der Gebärmutter. Sie wechseln dabei eventuell von einem Horn zum andern über.

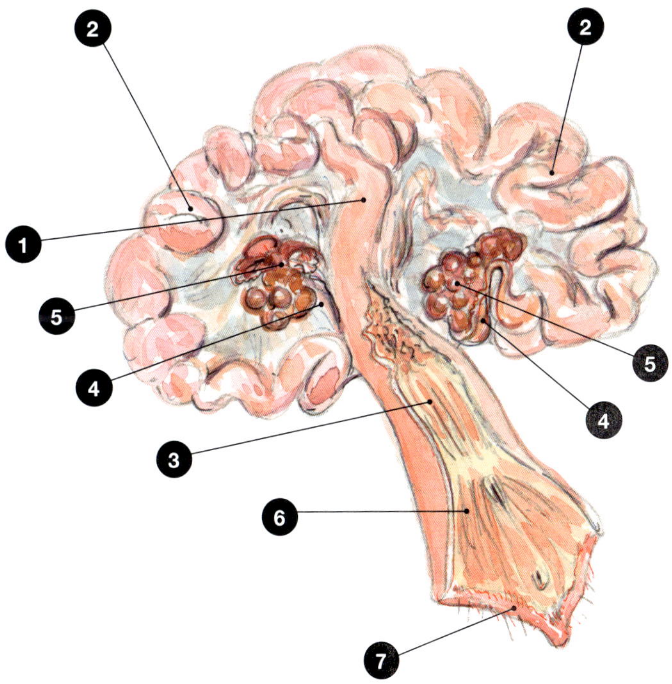

1. Gebärmutterkörper
2. Gebärmutterhörner
3. Gebärmutterhals (Zervix)
4. Eileiter (Ovidukt)
5. Eierstock (Ovar)
6. Scheide (Vagina)
7. Scham (Vulva)

Viel und gesund

Mit möglichst wenig Aufwand und Kosten möglichst viele gesunde Ferkel absetzen. Darum geht es in einem Zuchtbetrieb hauptsächlich. Aus Sicht des Schweines sind zwei Stichwörter von Bedeutung: Viel und gesund. Viel ist jedoch sicher nicht immer die beste Lösung. Die geborenen Ferkel müssen auch lebenskräftig sein. Sie müssen viel Biestmilch aufnehmen und ihr Leben stark beginnen. Denn was ist besser: Ein Wurf mit zwölf vitalen Ferkeln oder einer mit vierzehn Ferkeln, von denen vier schwach geboren sind? Was tun, wenn die Sau mehr Ferkel als Zitzen hat?

Die Gesundheit und Lebenskraft der Ferkel hängt von verschiedenen Faktoren ab. Denken Sie dabei an den Krankheitsdruck im Betrieb und an die Genetik von Sau, Eber und Ferkel. Auch spielen viele Managementaspekte eine Rolle, z.B. die Fütterung der Sau, Besamung, Haltung und Ruhe. Das Wort 'gesund' steht hier für eine Sau, die körperlich imstande ist, zwölf gesunde Ferkel zu werfen und alle bis zum Absetzen gut zu säugen. Sie trägt keine Infektionen und Krankheiten in sich, die das verhindern könnten, auch keine Verletzungen.

Viel hilft viel!

Viele Eizellen

Die Anzahl Eizellen, die beim Eisprung frei werden, nimmt bis zur vierten/fünften Trächtigkeit zu. Bei der achten Trächtigkeit sinkt die Anzahl lebendgeborener Ferkel und steigt die Anzahl totgeborener Tiere. Bei stark abgemagerten Sauen werden weniger Eizellen frei. In der Praxis sind das vor allem die Tiere, die zum ersten Mal werfen.

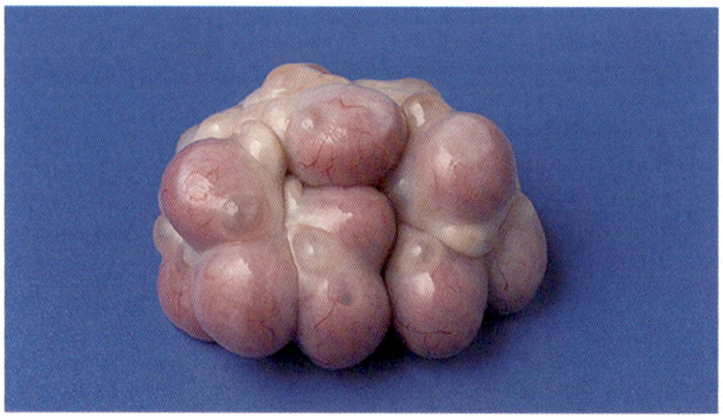
Foto: Janssen Animal Health

Viele Ferkel

Der geschätzte Erblichkeitsgrad der Wurfgröße beträgt 17 Prozent. Das heißt, dass mit Zucht relativ viel erreicht werden kann. Aber es bedeutet auch, dass das Management 83 Prozent der Unterschiede in der Anzahl geborener Ferkel ausmacht.

Inzucht führt zu einer Abnahme der Wurfgröße. Heterosis durch Kreuzung nicht verwandter Linien steigert die Wurfgröße und die Vitalität der Ferkel.

Viel Sperma

Der Penis endet in einer korkenzieherähnlichen Spitze. Damit setzt sich das Organ im Gebärmutterhals (Zervix) fest, sodass sich das Sperma möglichst Richtung Gebärmutter ergießt und nicht in die Scheide zurückfließt. Ein einziger Samenerguss ergibt 150 bis 250 ml Sperma. Dieses wird in ruhigem Fluss freigegeben. Dabei unterscheidet man verschiedene Phasen. Die letzte Phase enthält gallertartige Pfropfen, die helfen, die Zervix zu verschließen.

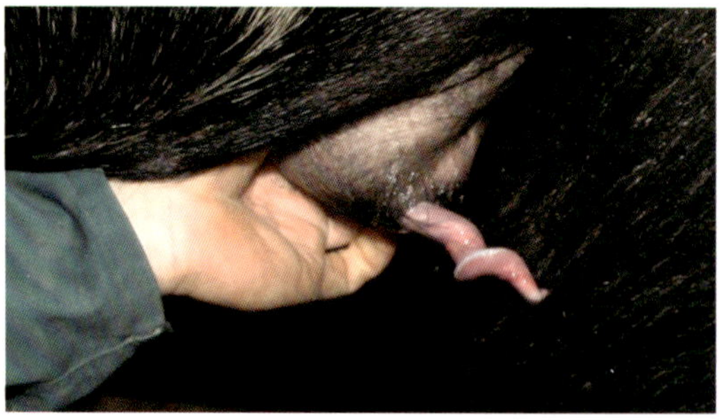

Kondition beurteilen

Der Zustand der Sauen beim Absetzen bildet einen ausgezeichneten Maßstab für Fütterung und Fruchtbarkeit. Die richtige Kondition ist ein Ziel und ein Kontrollpunkt.

Die Kondition sagt etwas über die Fähigkeit aus, mit der eine Sau im Abferkelstall ihre Ferkel aufzieht. Daneben werden Sauen, die im Abferkelstall zu stark abgemagert sind, weniger gut brünstig und werfen weniger lebendgeborene Ferkel.

Mit bloßem Auge

Leute mit geübtem Blick können den Zustand von Sauen ausgezeichnet einschätzen, wenn sie sich regelmäßig mit einer Messung der Speckdicke 'eichen'. Mit der Hand auf den Hüftbeinen und auf dem Rückgrat können Sie die Dicke des Specks fühlen.

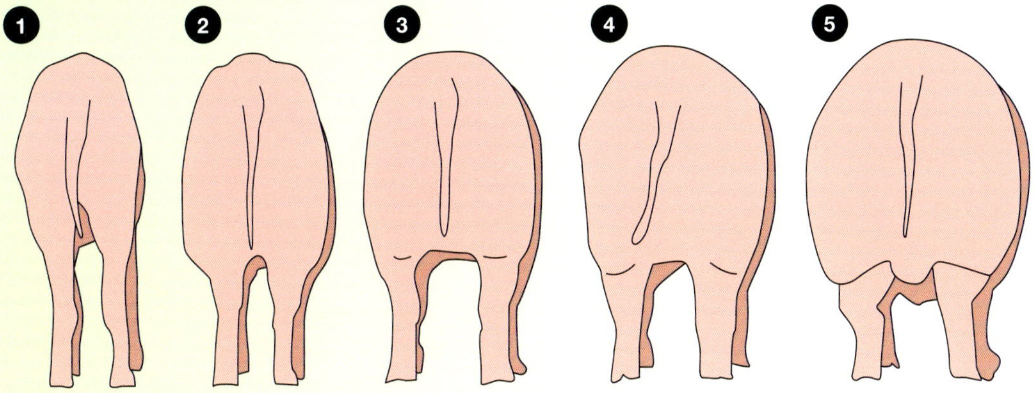

Speckdicke messen

Eine Messung der Speckdicke liefert die zuverlässigste Information zur Kondition einer Sau. Messen Sie immer genau an derselben Körperstelle und setzen Sie die Sonde beim Tier senkrecht und ohne Druck auf die Haut auf. Die Normwerte unterscheiden sich je nach Zuchtsauenlinie. Ideal sind meist etwa 18 mm Speck, wenn die Sau in den Abferkelstall kommt. In der Abferkelperiode darf sie anschließend höchstens 5 mm Speck verlieren. Jungsauen bei der Besamung: Streben Sie 13 mm und mehr an.

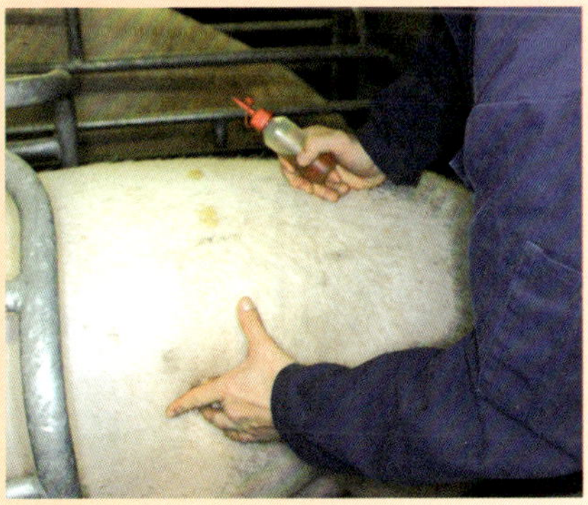

Die Messung erfolgt im Bereich der letzten Rippe.

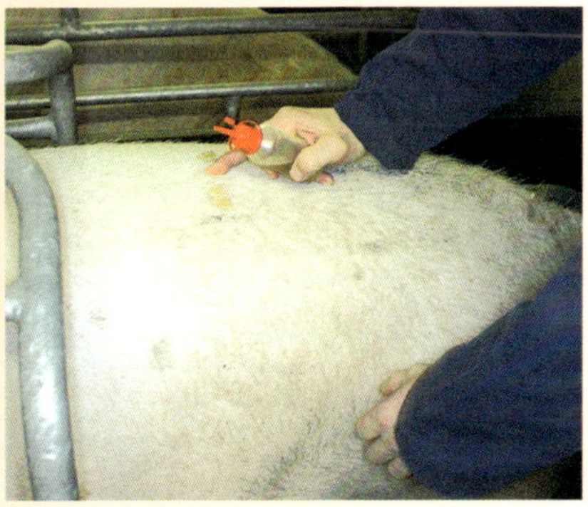

Messpunkte an den Rückenwirbeln ausrichten. Die Stellen (siehe Gelflecken) liegen je 5,5 cm links und rechts von der Rückenmitte.

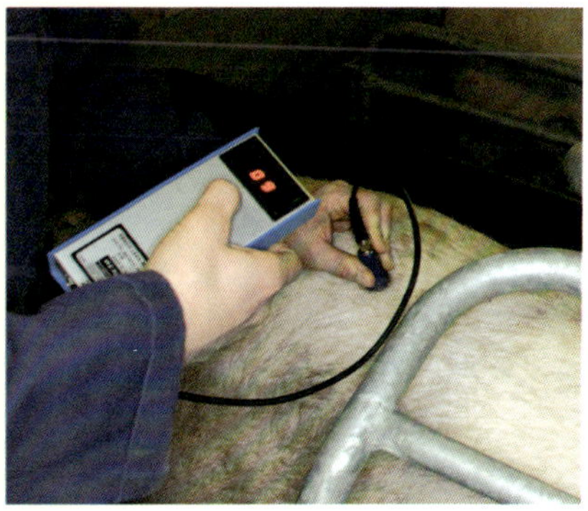

Die Sonde muss senkrecht zur Haut stehen, andernfalls entstehen Messfehler. Der Durchschnitt dieser zwei Messpunkte bildet die Speckdicke dieser Sau. 9 mm bedeutet, die Sau ist zu mager.

Wann besamen?

Brunstbeobachtung dient dazu, den optimalen Zeitpunkt für die Besamung festzustellen. Der beste Zeitpunkt für die Besamung liegt zwischen 24 und 0 Stunden vor dem Eisprung. Der Eisprung findet im zweiten Drittel der Rauscheperiode statt. Man muss also wissen, wie lange die Rausche dauert, um den Besamungszeitpunkt zu wählen. Die Dauer der Rausche variiert je nach Betrieb und liegt zwischen anderthalb und zweieinhalb Tagen (30-60 Stunden). Innerhalb eines Betriebs ist die Dauer der Rausche ziemlich konstant, obwohl während des Jahres Verschiebungen auftreten können.

Jeder Betrieb kann eine Standardarbeitsweise für die Besamung festlegen, indem die Dauer der Rausche notiert und die durchschnittliche Dauer berechnet wird. In dieser Standardarbeitsweise können Sie die Zeit zwischen Absetzen und Rausche berücksichtigen. Sauen werden drei bis fünf Tage nach dem Absetzen brünstig. Jungsauen sind kürzer brünstig als Altsauen. Der Zyklus von Schweinen dauert durchschnittlich 21 Tage, mit einer Streuung von 19 bis 23 Tagen. Sauen, die kurz nach dem Absetzen brünstig werden, haben oft eine längere Brunstperiode. Besamen nach der Ovulation führt zu weniger lebend geborenen Ferkeln.

Äußere Rauschesymptome

Vorbrunst	**Brunst**	**Erste Besamung**	**Zweite Besamung**
Vor allem bei Jungsauen ist die Scham rot und geschwollen. Die Scheide enthält etwas zähen Schleim.	Die Schwellung der Scham ist zurückgegangen, die Schleimhaut ist rosa. Die Scheide enthält etwas dünnen Schleim.	Im zweiten Drittel der Brunst. Das ist oft 24 Stunden nach dem ersten Duldungsreflex der Sau der Fall.	Die Sau zeigt 16-18 Stunden nach der Besamung noch den einwandfreien Duldungsreflex.
Die Sau ist unruhig, sie hat spielende Ohren und bespringt andere Sauen.	Die Sau gibt ein typisches, eher leises, langgestrecktes und tiefes Grunzen von sich.		
Die Sau steht nicht still, wenn Sie auf ihren Rücken drücken.	Die Sau bleibt für den Eber stocksteif stehen. Beim Drücken auf den Rücken der Sau bleibt sie stocksteif mit einem gekrümmten Rücken stehen.		

Der Duldungsreflex führt dazu, dass die Sau mit steil aufgerichteten Ohren stocksteif stehen bleibt. Sie reagiert damit auf Druck auf ihren Rücken und in ihre Flanke und auf Reize des Ebers (Geruch, Geräusch, Sicht, Kontakt).

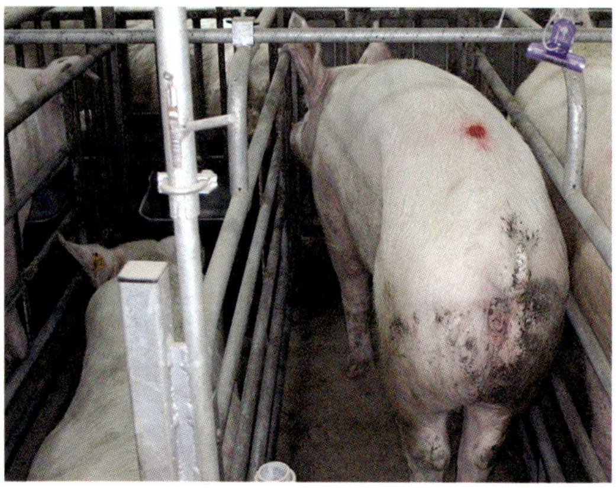

Die Rausche beginnt, wenn die Sau den Duldungsreflex zeigt. Er muss vom Landwirt ausgelöst werden können, in Anwesenheit eines Ebers. Diese Sau zeigt bereits den typischen Stehreflex und braucht keine weitere Stimulierung durch den Eber.

Stimulierung durch den Eber

Bevor der Eber die Sau bespringt, schubst und schnüffelt er mit seinem Rüssel in ihrer Flanke und legt regelmäßig seinen Kopf auf ihren Rücken. Vor allem dieses Vorspiel, aber auch das Decken durch den Eber fördern die Befruchtungsergebnisse. Ebergeruch in Spraydosen, Ebergeräusche und Stimulierung durch den Betreuer können einen echten Eber nicht ersetzen.

Eber nehmen sich Zeit für den Deckakt, variierend von 5 bis 15 Minuten. Ein aktiver Eber verbreitet mit den Drüsen in seinen Vorderläufen und seiner Vorhaut Duftstoffe, er schmatzt und geifert und gibt typische Eberlaute von sich. Dieses Geräusch besteht aus einem harten, hohl klingenden ‚oh-oh-oh'. Je deutlicher ein Eber diese Signale von sich gibt, desto besser ist er als Sucheber geeignet. Gelegentliches Decken hält den Eber in Form.

Sauen und Jungsauen gewöhnen sich an die Anwesenheit eines Ebers. Am besten befindet sich der Eber nicht fortwährend bei den Sauen, sondern man lässt zweimal pro Tag 10-15 Minuten intensiven Kontakt zu.

Das ausführliche Vorspiel des Ebers gehört normalerweise zum Deckakt. Es macht die Sau bereit für den Deckakt/die Besamung.

Foto: Varkens-KI Noord-Brabant/Topigs

Direkter Kontakt mit einem Sucheber sorgt dafür, dass Sauen ihre Rausche besser zeigen, bessere Eizellen produzieren und sich ihre Gebärmutter besser zusammenzieht. Dadurch nimmt die Sau das Sperma besser auf und weist bessere Befruchtungsergebnisse in Form von mehr vital geborenen Ferkeln auf.

Befruchtung

Die Anzahl Eizellen, die beim Eisprung (Ovulation) frei werden, hängt mit den genetischen Eigenschaften der Sau und mit dem Management im Abferkel- und Deckstall zusammen. Denken Sie dabei an die Sauenlinie und an Dinge wie Fütterung, Futteraufnahme, Wasseraufnahme und Brunstbeobachtung.
Bei einer erfolgreichen Deckung/Besamung werden 90 Prozent der Eizellen befruchtet. Dafür müssen sowohl Eisprung als auch Befruchtung schnell und kräftig erfolgen. Ein träger Ablauf dieser Prozesse sagt aus, dass die Rausche nicht gut verläuft, und bewirkt, dass die Abstimmung von Eisprung, Befruchtung und Einnistung des Embryos in der Gebärmutter problematisch verläuft.

Besamen

Arbeiten Sie ruhig und sehr sauber. Nehmen Sie sich die Zeit, die Sau zu stimulieren, indem Sie auf ihren Rücken und in die Leiste drücken. Verwenden Sie Einweg-Pipetten.

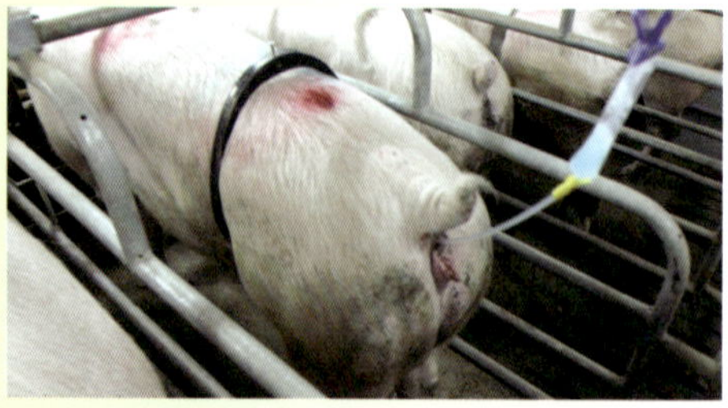

Foto: Marcel Bekken

Den Eber nachahmen

Bei künstlicher Besamung müssen Sie den Eber möglichst gut imitieren. Ein Deckbügel stößt der Sau in die Flanke, eine Decktasche drückt ihr auf die Lenden. Stimulieren Sie bis zu 15 Minuten nach der Besamung, mit der Pipette in der Scheide und dem Eber vor der Sau.

Anweisung für Besamung mit einer Schaumstoffpipette

Schritt 1

Reinigen Sie die Scham, zum Beispiel mit einem Wegwerftüchlein. Nehmen Sie eine saubere Pipette und tragen Sie ein geeignetes Gleitmittel auf.

Schritt 2

Schieben Sie die Pipette ruhig in die Scheide der Sau. Drehen Sie eine spiralförmige Pipette gegen den Uhrzeigersinn weiter hinein, bis Sie kräftigen Widerstand fühlen. Die Spitze befindet sich nun in der Zervix. Ziehen Sie die Pipette etwas zurück, sodass sie auslaufen kann. Eine Oliven-Pipette schieben Sie an ihren Platz in der Zervix.

Schritt 3

Setzen Sie die Spermatube auf die Pipette und lassen Sie die Sau in aller Ruhe das Sperma aufnehmen. Das kann gut und gerne 10 Minuten dauern.
Bei einer korrekten Besamung mit einer gängigen Dosis Spermien (zwei bis drei Milliarden Spermienzellen) hat das Zurückfließen von Sperma während und nach der Besamung wenig Einfluss auf die Befruchtungsergebnisse.

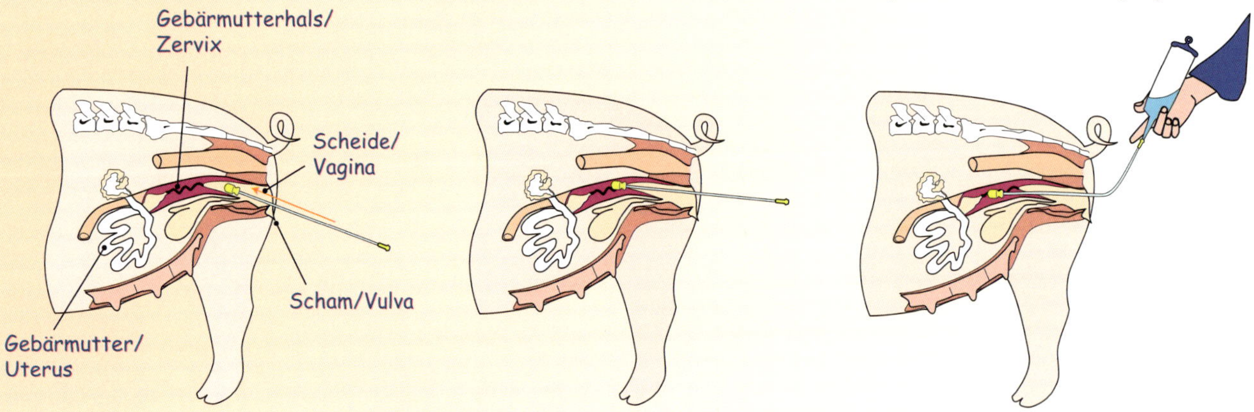

Trächtig oder nicht?

Nach der Besamung möchten Sie möglichst schnell wissen, welche Sauen nicht trächtig sind, denn leere Sauen haben zusätzliche Aufmerksamkeit nötig. Früher wurden verschiedene Methoden verwendet, um die Trächtigkeit bei Sauen festzustellen. Heutzutage geschieht dies meist mittels einer Ultraschalluntersuchung. Bereits ab dem neunzehnten Tag nach der Besamung oder Belegung ist die Diagnose mit dem Scanner möglich. Eine zweite Kontrolle vierzehn Tage nach der ersten Untersuchung gibt zusätzliche Sicherheit.

Die Trächtigkeitsdiagnose mittels Scanner kann ab Tag 19 nach der Besamung durchgeführt werden.

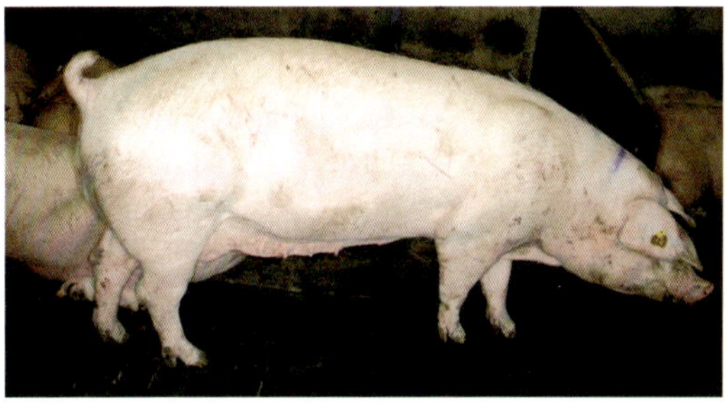

Ab sechs Wochen zeigt eine trächtige Sau eine deutliche Wölbung des Bauchs. Im Zweifelsfall kann eine Ultraschalluntersuchung Sicherheit verschaffen.

Schweinesignale müssen Fragen beantworten

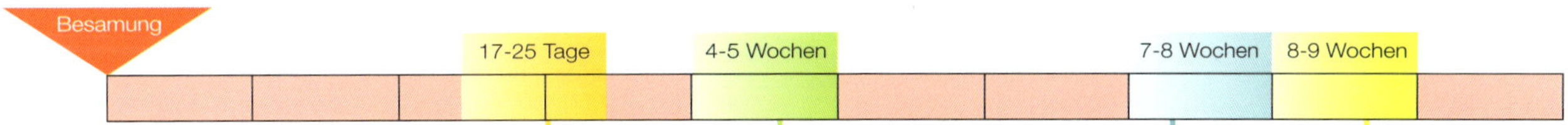

	17-25 Tage	4-5 Wochen	7-8 Wochen	8-9 Wochen
Methode	• Umrauschkontrolle	• Ultraschalluntersuchung	• Ultraschalluntersuchung	• Mit bloßem Auge
Frage	• Muss diese Sau nochmals besamt werden?	• Ist diese Sau trächtig oder nicht?	• Ist diese Sau immer noch trächtig?	• Ist diese Sau immer noch trächtig?
Antwort	• Von der jeweiligen Situation abhängig.	• Gibt 100% Sicherheit.	• Gibt 100% Sicherheit.	

Eine gute Rauschekontrolle drei Wochen nach der Besamung ist unumgänglich.

Was sehen Sie auf einem Ultraschallbild?

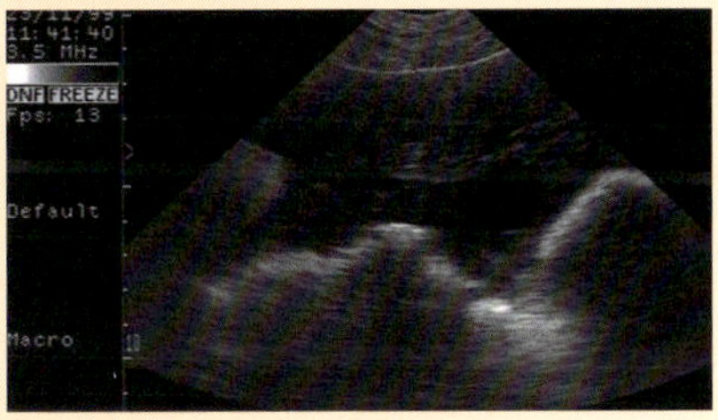

Die Gebärmutter einer trächtigen Sau, 21 Tage nach der Besamung. Die Gebärmutter liegt wie ein langer Schlauch im Bauch und enthält Fruchtbläschen (längliche Säckchen Fruchtwasser mit einem Embryo). Abhängig davon, wie das Ultraschallgerät die Bläschen ins Bild bringt, sind sie kreisrund, oval oder seltsam gekräuselt.

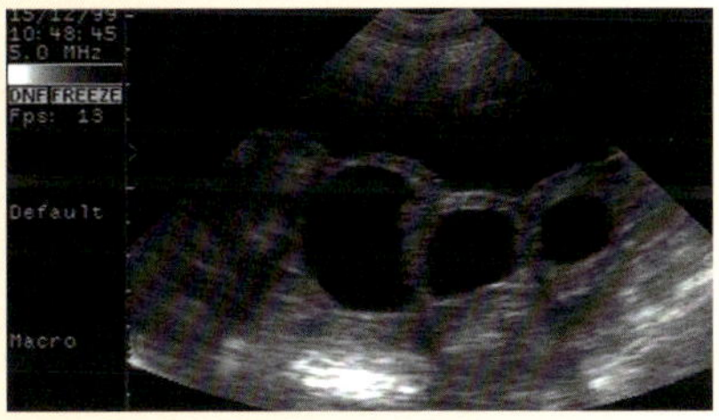

Dieselbe Trächtigkeit, jetzt am Tag 23. Die Fruchtwasserbläschen sind schon ziemlich gewachsen und länger geworden. Weil die Gebärmutter sich stark windet, sehen Sie auf dem Bildschirm manchmal mehrere Kreise beieinander liegen, die verschiedene Schnittflächen des gleichen Bläschens sind.

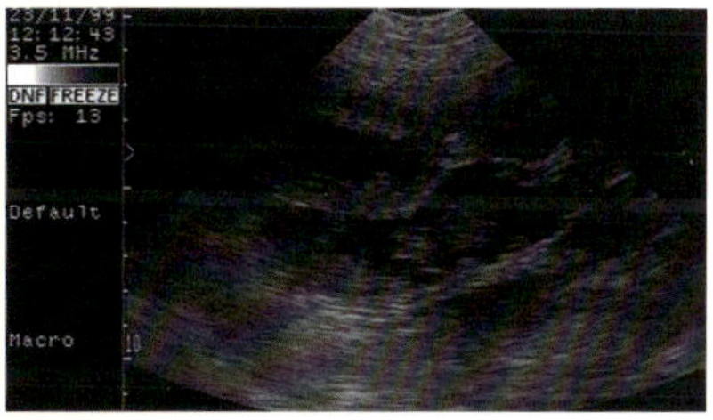

Ein Bild von Tag 35. Die Gebärmutterwand und die Plazenta (Nachgeburt) haben sich verdickt und sind fest miteinander verwachsen. In der Mitte der Embryo.

Fotos: Esaote-Pie Medical

Übrige Verhältnisse

Auch im Deckstall müssen die Grundbedürfnisse sichergestellt werden: Futter-Wasser-Licht-Luft-Ruhe-Platz und Gesundheit. Dabei gilt, dass auch die Arbeitsbedingungen optimal sein müssen. Damit jedermann seine Arbeit gerne tut und ohne großen Aufwand gute Arbeit liefern kann.
Wasser muss unbeschränkt verfügbar sein und die Sauen müssen genug fressen können. Eine ausgezeichnete Futterversorgung vor und während der Rausche fördert einen kräftigen Eisprung. Dies geschieht durch das Hormon Insulin, das bei einem hohen Blutzuckerspiegel frei wird. Bei Jung- und Erstlingssauen sieht man diesen Effekt am deutlichsten. Die Temperatur im Deckstall darf nicht zu hoch und nicht zu tief sein. Um die 18°C ist gut, mit geringen Schwankungen und gemessen mit einem zuverlässigen Thermometer oder Fühler im Tierbereich. Die Luft im Stall muss frisch und sauber sein, also ohne Schadgase.

Ruhe

Vermeiden Sie Stress zwischen dem dritten Tag und der vierten Woche nach der Besamung. Stallen Sie gedeckte Sauen in diesem Zeitraum nicht um. Das Ausmaß an Stress hängt vom Umgang mit den Sauen und ihrer Gewöhnung ab. Beginnen Sie sofort nach dem Decken mit einer erhöhten Futtergabe, um die Kondition zu magerer Sauen zu verbessern.

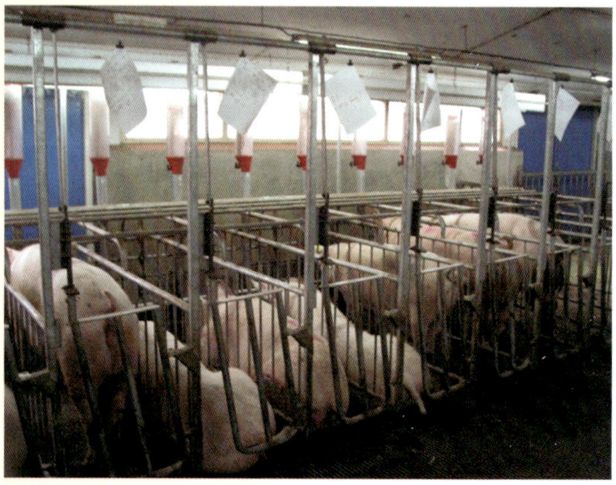

Licht

Genügend Licht im Kopfbereich von Sauen und Jungsauen stimuliert die Rausche. Als Norm dafür gelten 100 Lux. Menschen brauchen mehr Licht, um ihre Arbeit bequem und gut ausführen zu können. Halten Sie sich an einen regelmäßigen Tag-und-Nachtrhythmus von vierzehn bis achtzehn Stunden Licht, zum Beispiel mithilfe eines Zeitschalters. Reinigen Sie die Lampen alle vier Wochen, denn ein Schweinestall ist staubig und Fliegen setzen ihren Kot gerne auf Lampen ab. Halten Sie auch die Fenster sauber.

Risikogruppe: Jungsauen

Jungsauen bilden eine gesonderte Gruppe im Deckstall. Jungsauen brauchen gezielte Aufmerksamkeit, denn für eine Jungsau sind viele, sehr viele Dinge neu. Sie kennt den Deckstall und auch die Altsauen nicht. Daneben werden Jungsauen nicht immer einfach rauschig.

Besamungszeitpunkt

Jungsauen erreichen ihre Pubertät in einem Alter von ungefähr 25 Wochen. Der genaue Zeitpunkt hängt von ihrem Wachstum ab, der Jahreszeit, der Rasse und ihrer Gesundheit.
Das Gewicht der Jungsau bildet den besten Anhaltspunkt zum Besamen. Der geeignete Zeitpunkt liegt bei 140 kg, bei der dritten Rausche. Ein Stressmoment löst bei Jungsauen die Rausche aus. Fördern Sie dies, indem zweimal täglich eine Viertelstunde intensiver Kontakt mit dem Eber stattfindet. Nicht länger, denn das bewirkt das Gegenteil. Notieren Sie die Rausche. Gönnen Sie der Jungsau dann zwei Wochen Ruhe und beginnen Sie anschließend wieder zu stimulieren, um sie gut rauschig zu bekommen.

Diese Jungsau versucht, sich in ihrer Box umzudrehen. Das Tier ist mit dieser Umgebung nicht vertraut, möglicherweise auch nicht mit den Sauen neben ihr. Weil sie relativ klein ist, hat sie den Platz, um diesen Versuch zu wagen. Sie hakt ihren Kopf beim Stützpfosten ein, dadurch hat sie Halt und kann Kraft ausüben. Die Gefahr besteht, dass sie stecken bleibt, sich selber aufhängt oder Ferkel verliert.

Suchbild

Was sehen Sie an dieser Jungsau?

Diese Jungsau ist lahm. Sie steht und läuft mit einem krummen Rücken und schont ihr rechtes Vorderbein. Ihre Hinterbeine stellt sie weit unter ihren Körper. Wahrscheinlich ist ein Trauma die Ursache, weil das Tier eine abrupte Bewegung gemacht hat. Die Wahrscheinlichkeit ist groß, dass dies während des Bespringens einer rauschigen Jungsau passiert ist. Vielleicht war sie selbst in Rausche, vielleicht auch ein anderes Tier.

KAPITEL 5

Abgesetzte Ferkel

Ein abgesetztes Ferkel hat ein sehr hohes Wachstumsvermögen. Aber es ist auch sehr anfällig. Ausgezeichnete Haltung und Betreuung belohnt das Tier mit einem gesunden Wachstum. Mängel führen dagegen schnell zu Problemen.
Tun Sie die richtigen Dinge? Und tun Sie die richtigen Dinge immer gut?

Es ist ein Vergnügen, täglich die unglaubliche Frohwüchsigkeit gesunder Ferkel zu erleben.

Viele Dinge, die für Mastschweine gelten, treffen auch auf abgesetzte Ferkel zu. Lesen Sie darum auch Kapitel 6.

Die Natur

In der zweiten Lebenswoche verlassen Bache und Frischlinge ihr Nest. Die Frischlinge beginnen, anderes Futter zu fressen und lernen andere Frischlinge kennen.
In der dritten und vierten Woche finden die meisten Bekanntschaften statt, vor allem durch Nasenkontakt. Die Tiere kämpfen sehr wenig. Beißen und Schläge unten in den Bauch finden praktisch nicht statt. Wenn die Frischlinge vier Wochen alt sind, fressen sie schon beträchtliche Mengen Raufutter, z.B. Gras. Der Zeitpunkt, an dem sie mit Milchsäugen vollständig aufhören, variiert zwischen Frischlingen innerhalb eines Wurfes stark, von 9 bis 17 Wochen. Frischlinge, die die ersten Tage an produktiven Zitzen gesäugt haben, hören später auf als Frischlinge, die in den ersten Tagen weniger Milch erhalten haben.

Tiefgreifende Veränderungen

Von einem Moment auf den andern erlebt ein Saugferkel eine große Umstellung. Nicht nur ändert sich sein Futter, auch die Art, wie das Futter angeboten wird, ist völlig anders. Ganz plötzlich befindet sich das Tier in einer neuen Umgebung, mit neuen Herdengenossen.
Setzen Sie sie nicht zu früh ab. Wenn dies wegen Mangel an Zitzen bei der Sau notwendig ist, bietet die Ferkelamme eine Alternative. Ferkel können dort Kunstmilch trinken, sodass das Absetzen noch kurz hinausgezögert werden kann.

Herabsetzen der körpereigenen Abwehr

Der Schutz aus der Biestmilch, *die mütterliche Immunität*, nimmt ab der vierten Lebenswoche stark ab. Das Ferkel muss sich nun selber gegen Bakterien und Viren schützen, denen es dauernd ausgesetzt ist. Viele Krankheitserreger (PRRSV, Circoviren) überleben in großer Menge in einem Betrieb, indem sie jeweils abgesetzte Ferkel neu infizieren. Sie springen von einer Gruppe empfänglicher Tiere zur anderen. Um die Schweine in einem Betrieb gesund zu erhalten, ist es notwendig, diese Übertragungskette zu durchbrechen. Mit strenger Trennung der Schweinegruppen, mit dem Rein-Raus-Verfahren, Lauflinien von Jung zu Alt und sehr hygienischem Arbeiten können Sie das erreichen. Daneben muss die körpereigene Abwehr der Ferkel immer möglichst hoch sein. Das heißt optimale Futter- und Wasseraufnahme, perfekte Umgebungstemperatur und maximale Ruhe. Dazu eventuelle Impfungen.

Wenn zwei Gruppen zusammengestellt werden, kämpfen die Ranghöchsten zuerst um ihre Stellung. Dann kommen die Nummern Zwei, und so weiter. Beim Zusammenstellen mehrerer Gruppen wird das schwieriger. Schweine, die gleich groß und stark sind, müssen länger kämpfen, bevor daraus ein Sieger hervorgeht. Rangniedrige Schweine sind schnell geneigt, aufzugeben.

Beim ‚Segregated early weaning' werden die Ferkel früh abgesetzt (21 Tage) und sofort in einen sauberen, neuen Stall verlegt. Sie genießen zu diesem Zeitpunkt noch den Schutz aus der Biestmilch, und im neuen Stall lauern wenig Krankheitserreger.

Große Gruppen mit Tieren haben mehr Krankheitsprobleme, weil Übertragung von Keimen häufiger stattfindet. Das kommt, weil mehr Begegnungen zwischen mehr Schweinen stattfinden. Das können Sie mit dem Übertragungsfaktor berechnen: (N^2 - N). N ist die Anzahl Schweine. Bei fünf Schweinen ist der Übertragungsfaktor (5^2) - 5 = 20, bei zwanzig Schweinen 380 und bei vierzig Schweinen 1.560. Der Übertragungsfaktor nimmt also mit der Anzahl Schweinen exponentiell zu.

Der erste Tag

Absetzen ist ein klares Beispiel für einen Risikozeitraum. Die Redensart 'Gut begonnen, ist halb gewonnen' trifft hier sicher zu: Erfolgreiches Absetzen der Ferkel beginnt mit einer ausgezeichneten Bucht, die ganz darauf ausgerichtet ist, die Ferkel gastfreundlich zu empfangen. Dazu mit Ferkeln, die bereit sind, abgesetzt zu werden. Indem beim Absetzen möglichst wenig verändert wird, verringert sich der Stress für die Tiere.

Erfolgsfaktoren beim Absetzen

Die Dinge, die Sie in Ordnung haben müssen, um gute Ergebnisse zu erzielen, heißen Erfolgsfaktoren. Jeder kann sie auf seine eigene Art und Weise benennen.
Für das Absetzen gelten die folgenden Erfolgsfaktoren:

- Beginnen Sie mit gesunden Ferkeln, die keine Krankheiten in sich tragen.
- Jedes Ferkel nimmt genügend Futter und Wasser auf.
- Kein einziges Ferkel friert oder liegt zu warm.
- Jedes Ferkel hat einen ungestörten Ort zum Ruhen.
- Die Bucht ist sauber, völlig trocken, bequem und ohne Risikostellen.
- Es werden keine Krankheiten eingeschleppt.

Lassen Sie die ersten drei Tage das Licht 24 Stunden pro Tag brennen. Dadurch beginnen die Ferkel früher zu fressen und sie fressen (und trinken) mehr. Halten Sie die Tiere bei 28-30°C und senken Sie in der zweiten Woche die Temperatur allmählich auf 25°C. Kontrollieren Sie die Bodentemperatur, die Temperatur bei den Ferkeln und die Luftströmung.

Die Ferkel müssen Futter und Wasser einfach finden können. Kennen sie den Typ Futtertrog und den Tränkenippel schon? Wasser, das in offenen Schalen angeboten wird, fördert die Aufnahme und damit die Gesundheit der Ferkel. Breifütterung fördert ebenfalls einen guten Start.

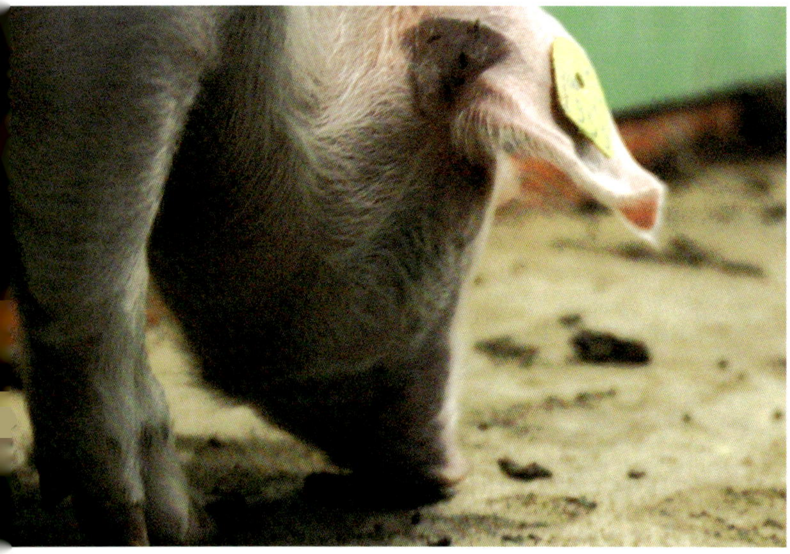

Kontrollieren Sie jedes Ferkel mindestens zweimal täglich gut auf Futteraufnahme und Gesundheit. Sorgen Sie dafür, dass Sie einfach eingreifen können, wenn das notwendig sein sollte. Eigentlich ist das auch ein Erfolgsfaktor: Frühzeitiges und wirksames Eingreifen, wenn etwas nicht stimmt.

Praktisch alle Krankheiten im Bestand werden von älteren Schweinen auf jüngere Schweine übertragen. Darum muss das Abteil völlig leer und sauber sein, wenn die neuen Ferkel kommen. Aber auch unterwegs können die Tiere Krankheitserreger aufnehmen. Betrachten Sie also ihre Arbeit und die Arbeitsweise immer mit kritischen Augen.

Futteraufnahme

Maßgeblich für die Gesundheit des Ferkels ist, dass das Tier immer frisst. Hört es mit Fressen auf, nimmt das Risiko für Unterkühlung, Ödemkrankheit (E. coli) und Streptokokken-Hirnhautentzündung zu. Die Risikogruppe sind Ferkel, die bei der Sau viel Milch getrunken haben. Diese Tiere haben im Abferkelstall noch wenig feste Nahrung gefressen und machen nun die größte Umstellung durch. Dazu kommt noch, dass es die größten Ferkel sind, die oben in der Rangordnung stehen und deshalb viel kämpfen (müssen). Aus diesem Grund erkranken oft die schönsten Ferkel an der Ödemkrankheit.

Umstellung des Fressens

Fressen bei der Sau:	**Fressen nach dem Absetzen:**
24 Mal pro Tag	wenn das Ferkel will/kann/sich traut
die Sau steuert	das Ferkel muss es selbständig tun
alle gleichzeitig	abhängig vom Fütterungssystem
warm	Umgebungstemperatur
flüssig: saugen	hart (Pellets oder Mehl): fressen

Fressen

Ferkel fressen am liebsten gleichzeitig. Andere fressen zu sehen macht Appetit. Fütterungssysteme, die ein gleichzeitiges Fressen erlauben, fördern einen guten Start. Stellen Sie Futter und Wasser nicht in dunkle Ecken, sondern ins Licht.

Obwohl ein großer Teil der abgesetzten Ferkel innerhalb einiger Stunden frisst, kann es mehr als zwei Tage dauern, bevor alle Ferkel gefressen haben. Sorgen Sie dafür, dass alle Ferkel bequem Futter fressen können, denn gerade die schlechten Fresser bekommen Probleme.

Abgetrennte Buchten verschaffen die Möglichkeit, schwachen Ferkeln zusätzlich leckeres Futter und eine wärmere Umgebung zu bieten. Die ruhige, sichere Umgebung fördert auch die Futteraufnahme und Genesung.

Futter und Wasser

Zusammensetzung des Futters

Sowohl das Futter als auch das Wasser, das die Schweine erhalten, muss die richtige Zusammensetzung haben. Das ist ein beträchtlicher Aufwand. In erster Linie muss der Gehalt an Nährstoffen stimmen, ebenso deren Verdaulichkeit. Bei jeder Fütterungsrunde, bei jedem Schwein. Frisst das Ferkel, das zuletzt kommt, dasselbe Futter wie das große Ferkel, das zuerst kommt? Eigentlich braucht das kleine Ferkel noch zusätzlich etwas.

Wasser!

Futter und Wasser dürfen keine Verunreinigungen enthalten und dürfen nicht verdorben sein. Abgesetzte Ferkel fressen und trinken in den ersten Wochen relativ wenig. Dadurch werden Leitungen manchmal ungenügend durchgespült und es kann Fäulnis auftreten. Wasser aus einem eigenen Brunnen muss einmal pro Jahr untersucht werden. Aber auch in Stallleitungen kann Wasser aus verschiedenen Gründen verderben. Algen gedeihen ausgezeichnet über 20°C. Schimmel in Medikamentenleitungen wachsen. In Vorratsbehältern kann sich Dreck sammeln.

In diesem Trog befindet sich nasses Futter. Besonders in den warmen Ferkelaufzuchtabteilen verdirbt dieses schnell. Nehmen Sie eine Handvoll Futter aus dem Vorratsbehälter und eine Handvoll aus dem Futtertrog und vergleichen Sie den Wassergehalt.

Hier befindet sich der Tränkenippel im Breitrog. Dadurch besteht die Gefahr, dass dominante Schweine, die trinken wollen, verhindern, dass andere Schweine fressen können. Das wartende Schwein hat einen schlecht gefüllten Bauch.

Eine gesonderte Tränke und ein korrekt geöffneter Futtertrog. Sorgen Sie dafür, dass die Schweine den Trog gut leer fressen und trotzdem genug Futter aufnehmen.

Abgesetzte Ferkel müssen entweder immer Zugang zum Futter haben oder alle gleichzeitig eine komplette Mahlzeit fressen können. Letzteres ist ziemlich schwierig zu bewerkstelligen. Die Flüssigfütterung für abgesetzte Ferkel verlangt sehr viel Fachkenntnis, das Arbeiten mit Trockenfutter ist einfacher.

Ruhe

Anzahl Schweine in einer Bucht

Die Kosten der Unterbringung großer Gruppen sind niedriger, aber ihr Futteraufwand ist meist höher. Wahrscheinlich hat das mit einer höheren Aktivität zu tun.
Bei großen Gruppen ist es schwierig, gut zu kontrollieren. Die Buchten sind unübersichtlich und es laufen zu viele Schweine herum. Und wenn Ihnen ein Schwein auffällt, kostet es großen Aufwand, um das Tier zu markieren oder zu behandeln. Eine Gruppe sollte höchstens aus zwölf Ferkeln bestehen.

In größeren Gruppen treten mehr Beinprobleme auf und ist es wichtiger, früh einzugreifen. Die Gefahr, dass lahme Schweine zu wenig Futter aufnehmen, ist größer als in kleinen Gruppen.

Raum

Auf Zuwachs

Abgesetzte Ferkel wachsen von fast 10 auf 25 kg. Am Anfang ist die Bucht sehr geräumig und am Ende möglicherweise knapp. Wenn die Belegung zunimmt, kann die Erreichbarkeit des Futters unter Druck geraten und damit kann das Wachstum sinken. In einer sehr vollen Bucht laufen Schweine weniger einfach zum Futter und zum Wasser.
Whittemore (1998) gibt als Untergrenze für die Bodenfläche an: 0,050 x Körpergewicht^{0,65}. Bei 25 kg sind das 0,40 m^2.

Buchtenklima

Um ihre Körpertemperatur aufrechterhalten zu können, müssen die Ferkel genügend Futter aufnehmen. Die ersten Tage nach dem Absetzen fressen sie wenig und deshalb muss die Buchtentemperatur höher sein. Auch später frieren schlecht fressende Schweine schneller als gut fressende. Denken Sie daran, dass ein nasser Boden und Zugluft die Abkühlung steigern. Stimmen Sie die Temperatur der Bucht auf das kleinste Ferkel ab.

Kleine Schweine verlieren mehr Wärme als große. Speck isoliert und viel fressen sorgt für die Abgabe von viel Wärme.

Beobachten - denken - handeln

Was sagen uns diese Schweine?

Diese Schweine haben leere Bäuche, schmale Rücken und sie bekommen lange Haare. Die Tiere fressen wenig, wachsen schlecht und frieren. Das kann die verschiedensten Ursachen haben. Krankheiten, zu wenig Futter, falsches Futter, verunreinigtes Trinkwasser. Beseitigen Sie die vermutliche Ursache und kontrollieren Sie die Kondition der Tiere.

Ferkel kontrollieren

Es gibt Leute, die von Natur aus viel an Tieren sehen können, andere nicht. Aber jedermann kann lernen, Schweine gut zu kontrollieren und sich dabei stets zu verbessern.

Kontrollieren Sie Schweine vom Großen zum Kleinen. Zuerst die Gruppe, dann das Tier. Dann gehen Sie wieder zurück, wobei Sie das eine Schwein mit den anderen Tieren vergleichen. Schauen Sie auch, ob andere Schweine vergleichbare Signale abgeben oder Signale abgeben, die Ihnen helfen, sich ein Gesamtbild zu machen.

Betrachten Sie die Schweine regelmäßig von einem andern Blickwinkel aus. Den besten Eindruck der Tiere erhalten Sie in der Bucht, auf derselben Höhe wie die Schweine.

Stets besser kontrollieren

Trainieren Sie sich selbst, indem Sie immer mehr Punkte kontrollieren. Ist die Haut ganz unversehrt? Sehe ich Spuren einer abgeheilten Hautentzündung? Oder von Jucken? Wie alt ist dieses Ferkel?

War es schwierig oder einfach, eine einheitliche Herde zusammenzustellen? Gibt es Unterschiede in der Einheitlichkeit? Worin bestehen diese Unterschiede? Im Haar? In der Farbe? Alter? Ohrverletzungen? Typ? Bauchfüllung?

Achten Sie auch auf Managementsignale. Sind alle Schwänze gleich lang? Wie sitzen die Ohrmarken in den Ohren? Ist Verschmutzung zu sehen? Trockene Gelenke? Klauenverletzungen?

Materialien und Struktur

Information ist nichts wert, wenn Sie sie nicht verwenden. Sorgen Sie also dafür, dass alles, was Sie sehen, zu einer Schlussfolgerung und einer Fortsetzungsmaßnahme führt. 'Das ist gut/nicht gut und wir tun jetzt Folgendes.'

Planen Sie auch die Möglichkeiten, um gut kontrollieren zu können. Reservieren Sie Geld für unterstützende Untersuchungen, zum Beispiel bei plötzlichem Sterben von Schweinen. Was bedeutet das?

Häufig gibt es in Großgruppen mehr Probleme mit Krankheiten als in kleinen Gruppen. Dies liegt an der großen Anzahl Kontakte zwischen infizierten und empfänglichen Tieren.

Ein Infrarotthermometer misst die Temperatur an der Stelle wo das rote Licht hinfällt. So können Sie sich beim Kontrollgang schnell versichern, ob die Bodentemperatur stimmt. Ein preiswertes und nützliches Hilfsmittel.

Tierkontrolle

Bei einer Tierkontrolle betrachten Sie jedes Schwein von vorn und von hinten und vom Großen zum Kleinen. Konzentrieren Sie sich auf Gesundheitsmerkmale und signalieren Sie frühe Probleme.

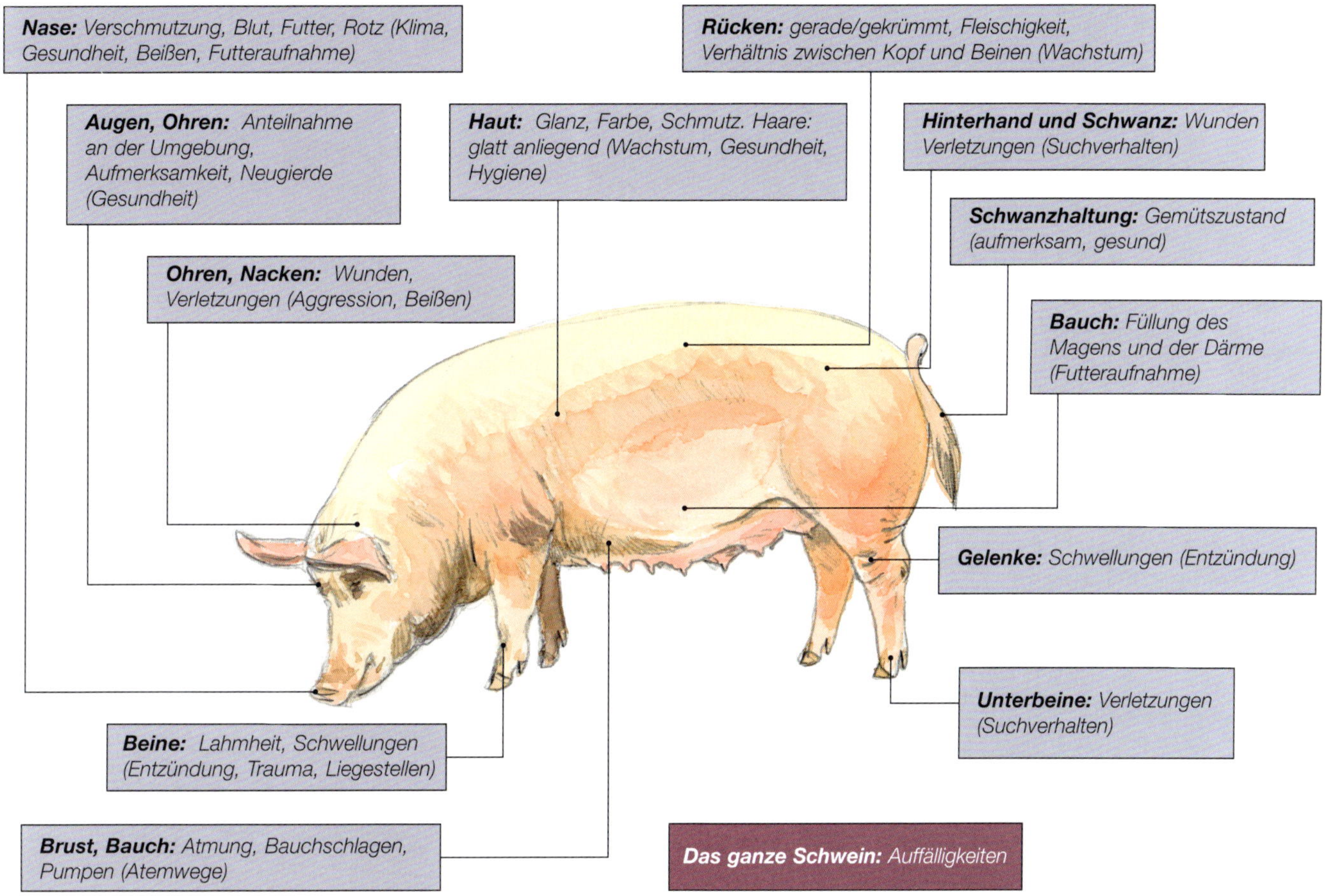

Suchbild

Welches Schwein fällt Ihnen auf?

Wenn Sie genügend lange schauen, ist an vielen Schweinen etwas zu sehen. Das auffälligste Schwein steht mitten auf dem Foto mit dem Hinterteil in der Ecke. Dieses Tier steht mit krummem Rücken und reagiert nicht auf seine Umgebung. Wahrscheinlich kotet es, doch es kann auch sein, dass ihm etwas fehlt.

Krankheiten

Zahlreiche Krankheiten bedrohen abgesetzte Ferkel und Mastschweine. Um sie wirksam zu behandeln und zielgerichtet Vorsorgemaßnahmen zu ergreifen, muss die Ursache klar sein.
Wichtige Krankheiten sind Durchfall und Atemwegserkrankungen. Sie können verschiedene Ursachen haben.
Eine sachverständige Beratung ist bei der Bekämpfung von Krankheiten sehr wichtig. Sie verhindert Betriebsblindheit und macht Sie auf Signale und Lösungen aufmerksam. Allzu oft wird zu schnell ein Name mit einem Krankheitsbild verbunden oder mit einer Standardbehandlung begonnen. Mit dem Risiko einer falschen Behandlung und der Verbreitung der Krankheit. Jeder gute Tierarzt und Berater zweifelt regelmäßig an seiner Diagnose und der Vorgehensweise. Er überprüft seine Handlungen mithilfe von Laboruntersuchungen, Studium und Weiterbildung.

Durchfall

Die Ursache von Durchfall lässt sich aufgrund von Krankheitssymptomen schwierig feststellen. Ein Tierarzt berücksichtigt viel mehr Informationen in seiner Untersuchung und entscheidet auch aufgrund seiner Kenntnisse über den Betrieb und seiner Erfahrung.

Durchfallsignale und Diagnose

Aussehen des Kots	Am Schwein beobachtet	Zeitpunkt des Auftretens	Erster Gedanke	Sicherheit verschaffen
Dünn	Träge, weniger fressen, kein Fieber.	Immer möglich	Fütterungsdurchfall	
Wässrig	Kein Fieber. Nicht fressen, auf einander kriechen. Manchmal blaue Ohren, Nase, Bauch. Manchmal Tod.	Einige Tage bis zwei Wochen nach dem Absetzen (oder der Futterumstellung)	Absetzdurchfall (E.coli)	Sektion des (unbehandelten) Schweines
Dünn, schokoladenartig	Fieber (39,5 -40,5°C). Akuter Tod.	Immer möglich	Schweinedysenterie (Brachyspira hyodysenteriae)	Sektion des Tieres mit typischem Krankheitsbild
Dünn, dunkelgrau bis schwärzlich. Manchmal blutig	Fieber (39,5 -40,5°C), blass. Eingefallener Bauch, vor allem in der Lendengegend.	Vor allem in der zweiten Hälfte nach der Mastperiode	PIA oder PHE (Lawsonia intercellularis)	Sektion oder Untersuchung der Därme nach dem Schlachten
Wässrig, gelb	Träge, nicht fressen, aufeinander liegen. Fieber (40,5 -41°C), plötzlicher Tod.	Immer möglich	Salmonella	Kotuntersuchung, Sektion

In Buchten mit Vollspaltenboden ist es oft schwierig, Durchfall früh zu entdecken, weil Schweinekot schnell in die Grube läuft. Wenn Sie Durchfall an den Wänden oder auf den Schweinen sehen, dann wissen Sie Bescheid. Die kranken Schweine sind etwas blasser und träger, mit eingefallenen Bäuchen.

Testen Sie Ihr Wissen über Krankheiten. Was sehen Sie? Warum ist das so? Was tun Sie?

Krankheitsbild 1

Dieses Ferkel hebt den Kopf und streckt die Ohren steif in die Höhe. Die Ursache ist eine Hirnhautentzündung. Die Entzündungsflüssigkeit, die dabei entsteht, drückt auf das Gehirn und verursacht nervöse Muskelreaktionen wie 'Rad fahren'. Streptokokken (S. suis) sind wahrscheinlich die Erreger der Entzündung. Diese Bakterien kommen über Wunden in die Blutbahn. Anschließend können sie Hirnhautentzündung und Gelenksentzündungen verursachen. Bei schlecht fressenden Schweinen können diese Streptokokken vom Darm aus in die Blutbahn geraten, zum Beispiel nach dem Absetzen.

Krankheitsbild 2

Blutohren entstehen, indem ein Blutgefäß im Ohr platzt. Das kann passieren, wenn ein Ferkel mit den Ohren schüttelt, durch Kämpfe, wenn man die Tiere an ihren Ohren hochhebt oder bei einer unsachgemäß angebrachten Ohrmarke. Ferkel schütteln den Kopf, wenn sie Juckreiz in ihren Ohren verspüren, zum Beispiel bei Räude. Im Anfangsstadium ist ein Blutohr schmerzhaft. Das Ferkel hält den Kopf schief und bleibt auf der Seite der Bucht. Behandlung ist nicht notwendig. Vorsorge jedoch schon. Schmerz bewirkt auch, dass das Ferkel weniger frisst. Juckreiz verursacht Unruhe und kostet Energie.

Das Blut wird vom Körper aufgenommen und mehr oder weniger durch Bindegewebe ersetzt. So entsteht aus einem Blutohr ein Boxer- oder Blumenkohlohr. Entfernen Sie Ohrmarken, denn diese verursachen eine Entzündung.

Krankheitsbild 3

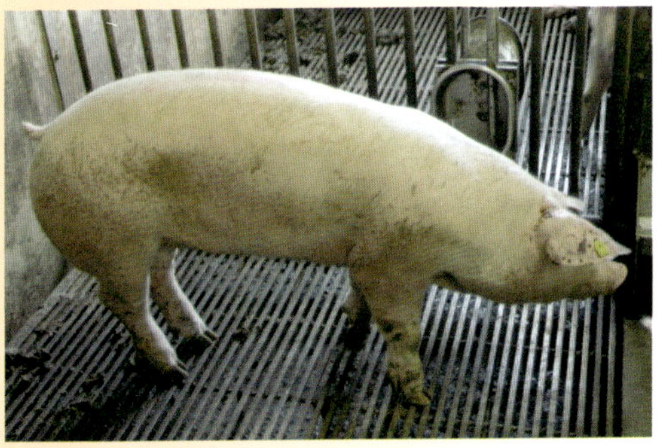

Hautblutungen vor allem an Hinterbeinen, manchmal auf Bauch, Achselhöhle und Leiste. Dieses Bild gehört zum PDNS (Porzines Dermatitis und Nephropathie-Syndrom), einer Erkrankung, die mit dem Circovirus zusammenhängt. Das Krankheitsbild gleicht dem der Schweinepest.

Krankheitsbild 4

Foto: Mark Roozen

Kolisepsis verursacht eingefallene Augen und violette Nasenspitzen, Ohrspitzen und Bäuche. Ferkel mit Hirnhautentzündung legen den Kopf in den Nacken und zucken mit den Beinen (Rad fahren). Aber es kann auch etwas anderes sein, zum Beispiel die Glässer'sche Krankheit.

Atemwegserkrankungen

Lunge und Luftwege von Schweinen sind sehr anfällig. Das ist so, weil die Lunge im Vergleich zum Körper klein ist und weil Schweine ständig Staub, Schadgase und bestimmte, praktisch überall anwesende Keime einatmen, die Atemwegserkrankungen verursachen. Was Schweinesignale betrifft, gilt hier wieder, dass bestimmte Signale nicht auftreten dürfen, also kein Husten, keine schmutzigen Augen, keine Rotznasen usw. Wenn ersichtlich ist, dass die Schweine Probleme entwickeln, möchten Sie schnell die genaue Ursache erfahren. Denn nur dann können Sie die beste Behandlung und die beste Vorsorge ausführen. Doch es ist schwierig, wenn nicht unmöglich, von Signalen aus sofort eine Diagnose zu stellen.

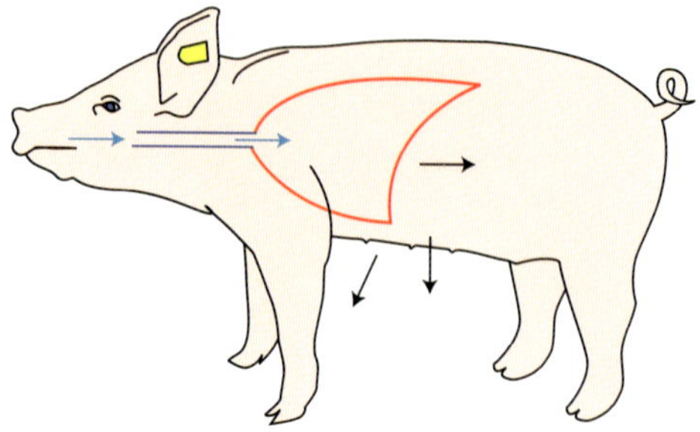

***Einatmen** geschieht durch Aufziehen der Rippen und Absenken des Zwerchfells. Der Brustkorb erweitert sich und die Lungen saugen sich voll.*

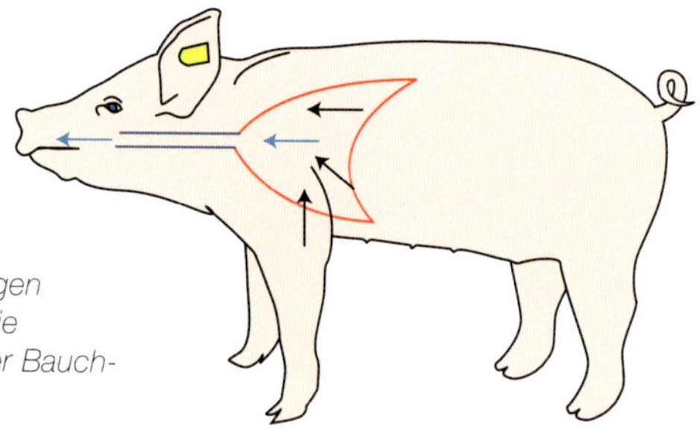

***Ausatmen** findet statt, indem die elastischen Lungen sich zusammenziehen, wenn das Zwerchfell und die Brustkorbmuskeln sich entspannen. Anspannen der Bauch- und Rippenmuskeln verstärkt das Ausatmen.*

Die Ursache von Atemwegserkrankungen

Signal	Ursache
Augen	
Rötung	Oft Reizgase und Staub.
Schwellung Schleimhaut	Bestimmte Krankheitserreger (u.a. PRRS).
Tränenstreifen	Verstopfung des Tränenkanals (Schnüffelkrankheit, Schwellung der Schleimhaut).
Nase	
Niesen	Reizung der Nasenhöhle und des Rachens. Oft reizender Staub oder reizende Gase.
Rotznase	Entzündung beziehungsweise Reizung der Nasenschleimhaut.
Husten	
Trockener Husten	Reizung durch Staub, Reizgase. Entzündung der tiefen Luftwege mit wenig oder zähem Schleim.
Feuchter Husten	Entzündung der Luftwege mit viel flüssigem Schleim.
Unterdrückter Husten	Entzündung der Luftwege mit viel Schmerz.
Tiefer Husten	Spulwurminfektion.
Atmung	
Schnelle Atmung	Zu hohe Körpertemperatur. Ungenügend Aufnahme von Sauerstoff/Abgabe von CO_2.
Bauchschlagen	Einatmen verläuft durch verschlossene Luftwege oder Austritt von Flüssigkeit mühsam.
Pumpen	Zusammenziehen der Bauchmuskeln wegen Verlustes der Lungenelastiztität. (Narbenbildung)
Allgemeines	
Breiter Stand der Beine Kopf gesenkt bei Husten	Entspannen der Bauchlinie wegen Schmerzen durch Brustfellentzündung.
Blass, schlecht fressen, träge	Allgemein krank (hat nicht unbedingt etwas mit einer Atemwegserkrankung zu tun)

Verbreitung von Krankheiten

Neben den Symptomen will der Tierarzt erfahren, welcher Teil der Schweine krank ist und wie sich die Krankheit in Buchten und in Abteilen verbreitet. Auf diese Weise findet man heraus, welche Arten von Erregern in Frage kommen.

- Die Krankheit verbreitet sich allmählich in einer Bucht und in den Abteilen. Jeden Tag werden ein paar Schweine mehr krank. Das ist bei einer bakteriellen Infektion möglich.
- Die Krankheit verbreitet sich im Lauf von wenigen Tagen bei dem größten Teil der Schweine in einer Bucht und bewegt sich fast gleich schnell durch die Abteile fort. Möglicherweise betrifft es eine Viruskrankheit, zum Beispiel Influenza. Viren verbreiten sich schnell durch Tröpfcheninfektion beim Ausatmen, Husten, aus Rotz und Nasenausfluss.
- Praktisch alle Schweine werden sehr schnell krank. Die Ursache ist möglicherweise keine Infektion, sondern zum Beispiel ein kaputter Ventilator. 'Normale' Atemwegsbakterien verursachen die Krankheitsanzeichen.

Virusinfektionen verursachen meist akut hohes Fieber (≥ 41°C). Bakterielle Krankheiten verlaufen oft etwas langsamer, mit etwas weniger Fieber.
Mit Ausnahme der Schnüffelkrankheit (Atrophische Rhinitis) kann anhand von Symptomen allein eine Diagnose nicht mit Sicherheit gestellt werden. Der Betriebstierarzt kann das am besten einschätzen und braucht dazu auch Laboruntersuchungen und Sektion.

Signale von Atemwegserkrankungen

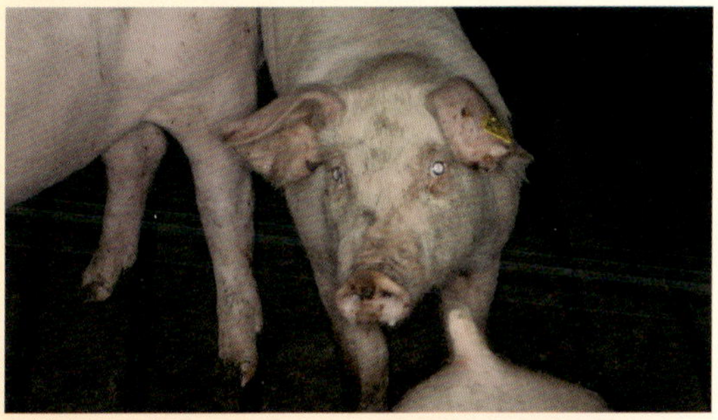

Eine Rotznase. Eiter entsteht durch Entzündung, Schleim durch Reizung der Nasenschleimhaut. Das Schwein ist offensichtlich noch aktiv und frisst gut. Es reagiert aufmerksam auf die Umgebung, der Bauch ist voll, die Haut glänzt und das Haarkleid ist glatt und anliegend.

Kopf gesenkt, Bauch entspannt und die Beine gespreizt: alles, um Spannung auf dem Bauch zu vermeiden. Dieses Ferkel hat wahrscheinlich große Schmerzen beim Husten wegen einer Brustfellentzündung. Möglicherweise kommt beim Husten Schleim oder Eiter hoch (produktiver Husten).

Dieses Ferkel hustet offensichtlich entspannt. Wahrscheinlich ein trockener Husten. Die schmutzigen Augen entstehen durch Reizung der Schleimhaut und haftenden Staub. Das Tier ist blass und hat einen gewölbten Bauch. Das Problem besteht schon seit einiger Zeit.

KAPITEL 6

Mastschweine

Mastschweine treten eine neue Phase ihres Lebens an. Die Tiere werden transportiert und es werden oft neue Gruppen gebildet. Das führt zu Unruhe. Eine neue Umgebung bedeutet auch neue Gefahren für die Gesundheit. Indem Sie Tierverhalten richtig einschätzen, vermeiden Sie Probleme.

Gesundheit erkennt man an einer rosafarbenen, glänzenden Haut, sauberen und lebhaften Augen, einem ruhigen Verhalten und einer entspannten Körperhaltung.

Was für abgesetzte Ferkel gilt, trifft meist auch auf Mastschweine zu. Lesen Sie darum auch Kapitel 5.

Die Natur

Ein heranwachsendes Schwein, der Läufer, verbringt seine Tage mit Nahrungssuche, Spielen, sich Ausruhen und – manchmal – Suhlen (Schlammbaden). Die Nahrungssuche hat den größten Einfluss auf die Einteilung des Tages. Schweine sind Tagtiere und beginnen den Tag mit Fressen und Erkunden der Umgebung. Sie schalten ebenso einfach auf einen Nachtrhythmus um. Der wichtigste Grund dafür ist schlechtes Wetter. Vor allem Regen mögen Schweine gar nicht. Ein zweiter Grund ist, dass tagsüber Jagd auf sie gemacht wird.

Prozessmanagement

Das Besondere an der Mastschweinehaltung ist, dass sie einerseits ein Projekt ist, andererseits aber auch ein Prozess. Die Projekte haben einen Anfang, ein Ende und umrissene Zeiträume: Einstallen-Vormast-Endmast-Ausstallen. Die Prozesse sind ununterbrochen ablaufende Aktivitäten: fressen-trinken-ruhen-wachsen. Am Ende der Mastperiode wird deutlich, wie diese verlaufen ist. Futteraufwand, Zunahme pro Tag und Gesundheit kann man in Zahlen ausdrücken. Diese Information kommt einerseits zu spät, denn Sie können nichts mehr daran ändern. Andererseits können Sie viel daraus lernen, wenn Sie sich die Zeit und die Mühe nehmen, die Ergebnisse und den Prozess miteinander zu vergleichen. Das soll Ihnen helfen, gut vorauszuschauen: Wenn ich das tue, passiert dies. Dieses Ausgangsmaterial hat diese Aufnahme-Fütterung-Betreuung nötig. Wenn ich das sehe, geht es gut; wenn ich dies sehe, muss ich eingreifen.

Zeit fürs Management

Nehmen Sie sich die Zeit, alle Angaben eines Mastdurchganges zusammenzustellen, zu bewerten und um Verbesserungen zu planen.

Vorausschauen durch Prozessauswertung

Ausgangsmaterial	Prozess	Ergebnisse
Qualität der Ferkel	• Futteraufnahme • Wasseraufnahme • Gesundheit • Ruhe	• Schlachtgewicht • Prozentsatz Fleisch, mm Speck, mm Muskeln • Gesundheit von Darm, Lunge, Leber

Verwenden Sie die Ergebnisse früherer Durchgänge, um den Prozess der nächsten Durchgänge zu verbessern.

Eine Ursache, viele Folgen

Muttersau frisst schlecht
↓
Ferkel nehmen zu wenig Biestmilch auf
↓
mehr Probleme mit Krankheiten im Abferkelstall
↓
mehr Krankheiten bei abgesetzten Ferkeln
↓
mehr Probleme nach dem Einstallen der Mastschweine

Die Grundlage für die Gesundheit der Mastschweine wird schon bei der hochträchtigen Sau im Abferkelstall gelegt.

Suchbild
Was meinen Sie?

Mehrere Schweine trinken den Harn dieser urinierenden Jungsau. Wahrscheinlich haben sie Durst. Kontrollieren Sie die Durchflussmenge der Tränkenippel/Tränken. Breifutter kann viel Salz enthalten, wodurch die Schweine sehr viel trinken müssen. Bei großem Wassermangel laufen Schweine wie betrunken herum.

Das Haus in Ordnung

Am ersten Tag nach dem Einstallen müssen die Schweine ein paar Dinge in Ordnung bringen. Neben Futteraufnahme und Wasser sind das die Rangordnung untereinander und die Einteilung der Bucht.

Für die Futteraufnahme gilt dasselbe wie beim Einstallen der abgesetzten Ferkel. Die Tiere müssen das Futter einfach finden können, es muss leicht erreichbar sein und darf sich nicht stark vom Futter unterscheiden, das sie gewohnt sind.

Rangordnung

Das Zusammenstellen von neuen Gruppen von Schweinen beim Einstallen scheint unvermeidlich zu sein, um:

- Futter und Futtergabe auf das Gewicht abzustimmen
- weibliche Schweine und Börge/Eber getrennt zu füttern
- Schweine möglichst einheitlich abzuliefern
- die Buchtenfläche optimal zu benutzen
- Kontrollen zu erleichtern
- den Gruppentransport von Ferkeln zu vereinfachen

Die Nachteile des Zusammenstellens sind die Unruhe und die Verletzungen, die das mit sich bringt. Nach dem Zusammenstellen haben die Schweine länger eine erhöhte Körpertemperatur, was auf anhaltenden Stress weist.

Genügend Platz und Fluchtmöglichkeiten bewirken, dass die Rangordnungskämpfe möglichst problemlos verlaufen. Nach einem Tag steht die Rangordnung fest. Ferkel aus großen Gruppen (≥ 14) haben beim Zusammenstellen weniger Probleme.

Buchteneinteilung

Wenn sie in eine Bucht kommen, wählen die Schweine einen Liegeplatz und einen Fressplatz, anschließend einen Kotplatz. Der Fressplatz wird vom Fütterungssystem vorgegeben, der Liegeplatz nicht. Dieser muss Ruhe bieten, das heißt angenehmes Klima und optimalen Schutz.

Die Temperatur und der Komfort bestimmen also die Wahl des Liegeplatzes. Darum müssen beim Einstallen der Schweine die Belüftung gut funktionieren, die Buchtentemperatur stimmen (24°C) und der Boden trocken sein. Kämpfe wegen des Zusammenstellens können die Wahl beeinflussen.

Durch ein Fenster kann man diese Mastschweine in Ruhe gut betrachten. Die offene Buchtenwand bei den Spalten macht diese Ecke als Liegeplatz ungeeignet, weil Schweine aus der Nachbarbucht die Ruhe stören. Im mittleren Teil können sie ungestört liegen, falls das Klima dort gut ist. Obwohl sie lieber besser geschützt koten, werden die Schweine ihren Kot auf den Spalten ablegen.

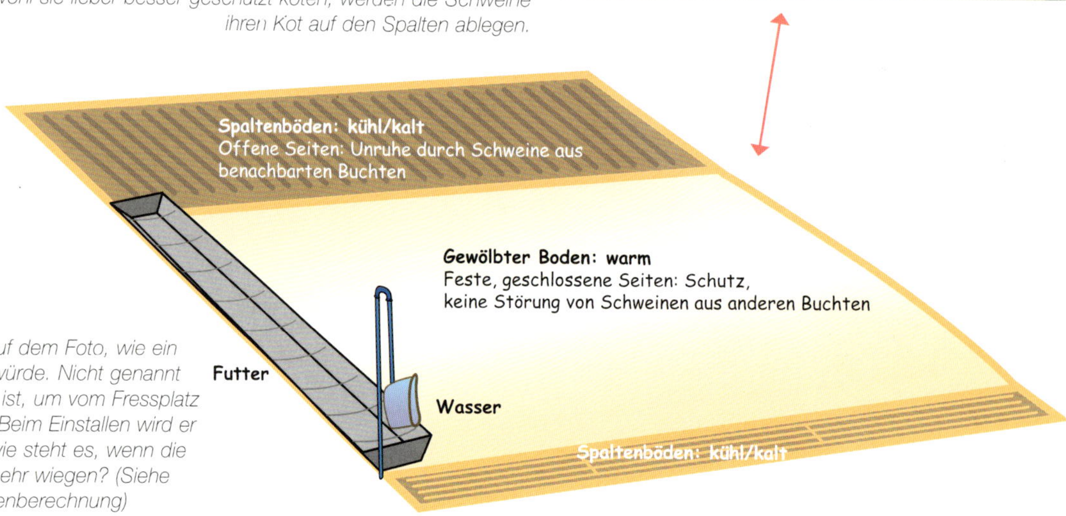

Eine Skizze der Bucht auf dem Foto, wie ein Schwein sie beurteilen würde. Nicht genannt wird der Platz, der nötig ist, um vom Fressplatz zum Kotplatz zu laufen. Beim Einstallen wird er groß genug sein, aber wie steht es, wenn die Schweine 80 kg oder mehr wiegen? (Siehe Seite. 67, Buchtenflächenberechnung)

Buchtenverschmutzung

Warum koten Tiere der einen Herde am richtigen Ort und Tiere der anderen nicht? Schweine haben zwei Gründe, um an einem ungewünschten Ort zu koten. Erstens, weil sie entscheiden, dass ein bestimmter Ort doch der beste ist. Zweitens, weil sie die Bucht zu warm finden und ein Schlammbad anlegen.

Kot- und Harnabsatz

Schweine wenden beim Koten einander das Gesicht zu, das Hinterteil sicher geschützt. Darum wählen sie gerne eine Ecke mit zwei geschlossenen Wänden und einen geschlossenen Boden, denn dieser verursacht weniger schnell Klauenverletzungen (Schmerz).

Urinieren erlebt das Schwein anders als koten. Das Tier läuft vom Liegebereich weg, aber geht nicht ganz zum Kotbereich. Es sucht weniger Schutz. Börge und Eber urinieren fast überall.

Weibliche Schweine haben ein größeres Bedürfnis, ihre Bucht sauber zu halten als Eber und Börge. Möglicherweise, weil Eber von Natur aus mehr ein streunendes Dasein führen.
Bei Flüssig- oder Breifutter wird der Buchtenboden schnell nass. Das lädt dazu ein, dort einen Kotplatz einzurichten. Eine Stufe unter dem Trog verhindert, dass Tiere mit dem Hinterteil gegen den Trog – also in den Trog – koten.

Suhlen (Schlammbaden)

Wenn Schweine sich in ihren eigenen Kot hineinlegen, stimmt etwas nicht. Entweder ist ihnen zu warm oder sie haben zu wenig Platz. Das eine Schwein beginnt übrigens früher zu suhlen als das andere.

Ruhe, Suchverhalten und Aggression

Mastschweine ruhen mindestens 80 Prozent des Tages. Das heißt, dass das individuelle Tier und die Gruppe sich wohlfühlen. Dieses Wohlbefinden entsteht durch verschiedene Aspekte, u. a. Sättigungsgefühl, angenehmes Klima und Ungestörtheit.

Unruhe

Allerlei Umstände können die Ruhe stören. So lange es dem Schwein gelingt, sich selbst wieder in eine angenehme Lage zu versetzen, ist alles in Ordnung. Nach einer kurzen Unruhe folgt wieder Ruhe. Stress entsteht, wenn das Schwein die Verhältnisse nicht mehr beherrschen kann. Das Tier bleibt unruhig und beginnt herumzusuchen. Bestimmte Stressfaktoren verursachen auch Aggressionen. Ein Beispiel: Ein Schwein merkt, dass gefüttert wird und will fressen. Wenn es dann genug fressen kann, wird es sich schnell wieder in aller Ruhe hinlegen. Aber wenn das Tier nicht fressen kann, beginnt es zu suchen und auch aggressiv zu werden. Ein anderes Beispiel: Es entsteht Zugluft am Liegeplatz. Wenn die Schweine einen Liegeplatz ohne Zugluft finden können, ist alles in Ordnung. Gelingt ihnen das nicht, werden sie aggressiv und zeigen Suchverhalten.

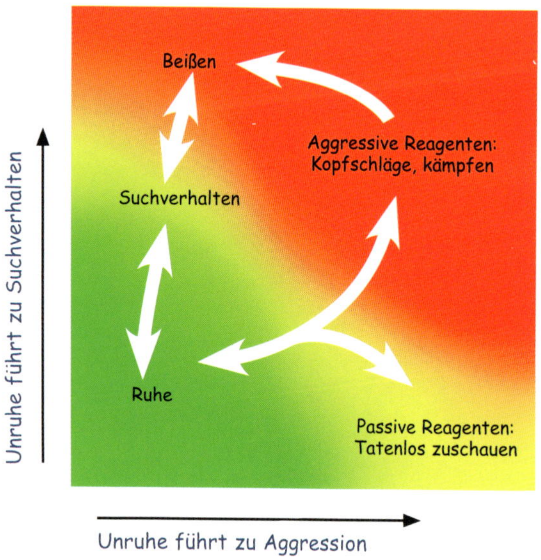

Schweine reagieren auf zwei Arten auf bestimmte Stressfaktoren: mit Suchverhalten oder mit aggressivem Verhalten. Aggression kann in Beißen/Suchverhalten übergehen, umgekehrt passiert das nicht.

Suchbild
Was sehen Sie hier?

Ferkel 3 und Ferkel 4 kämpfen. Aggression richtet sich immer auf die Vorderfront des Schweins. Ferkel 1 zeigt Suchverhalten. Ferkel 2 reagiert passiv. Das Tier lässt die Belästigungen von Ferkel 1 über sich ergehen, ohne etwas zu unternehmen. Ferkel 2 wurde schon einmal in sein Ohr gebissen.

Suchverhalten

Offiziell heißt das Ersatz-Erkundungsverhalten. Erkundungsverhalten ist Suchverhalten, wobei das Schwein wühlt und auf Dinge beißt oder kaut. In der Natur wird es auf Wurzeln, Gras oder Kräutern kauen. Tonnen und Ketten als Spielmaterial können dieses Such- und Kaubedürfnis nicht befriedigen, Stroh dagegen schon. In einer Bucht ohne geeignete Einstreu beißt das suchende Schwein in die Ohren, den Schwanz, die Flanken oder die Beine anderer Schweine. Dann sprechen wir von Ersatzverhalten. Das Tier möchte auf Fasern beißen, aber die sind nicht vorhanden. Darum befriedigt es sein Kaubedürfnis ersatzweise an einem Schwein. Stroh sorgt für ein Sättigungsgefühl durch die Magenfüllung und durch die Aufnahme der Verdauungsprodukte der Rohfaser im Dickdarm (flüchtige Fettsäuren).

Dieses Schwein will fressen, kann das aber nicht. Darum schnappt es nach dem Schwanz des fressenden Schweins. Schwanzbeißen ist eine Form von Ersatzverhalten, genauso wie Flanken- und Pfotenbeißen. Ohrspitzenbeißen kann ebenfalls ein Ersatzverhalten sein.

Gründe für Suchverhalten

- zu wenig Futter/Hungergefühl
- nicht gleichzeitig fressen können, Zugluft bzw. Kälte
- kein ruhiger Liegeplatz
- krank sein oder krank werden
- Unannehmlichkeiten und Schmerz
- zu jung abgesetzt
- nicht suhlen können (Schlammbaden)

Aggression

Jedes Verhalten eines Schweins will etwas bewirken, also auch Kämpfe (Aggression). In erster Linie kämpfen Schweine, um die Rangordnung herzustellen. Zweitens streiten sie sich um das Futter. Und drittens reagieren sie aggressiv, um ihre Ruhe sicher zu stellen. Rangordnungskämpfe sind nach einem Tag geschlichtet. Danach geben die Tiere Signale ab, um die Rangordnung zu bestätigen, indem sie z. B. ausweichen. Um diese Signale abzugeben und aufnehmen zu können, muss genügend Platz vorhanden sein.

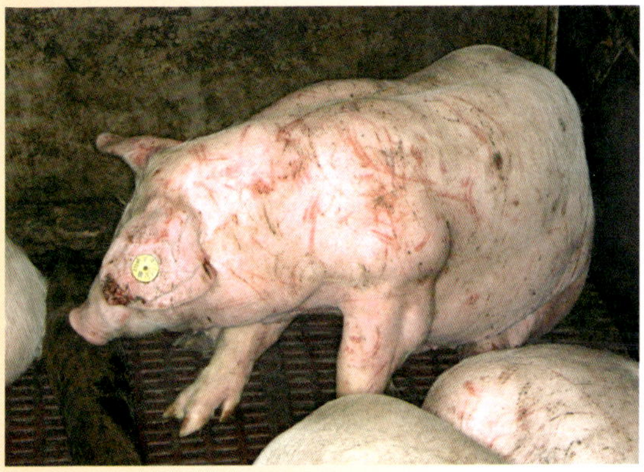

Bei Aggression teilen Schweine Kopfschläge aus, auf die Vorderfront des Gegners gerichtet: Kopf, Ohren, Nacken, Schulter. In vollen Buchten greifen Schweine einander auch an anderen Körperteilen an. Ein Kopfschlag mit geöffnetem Maul deutet auf große Aggression. Die Verletzung dieser Ohrspitze sieht älter aus als die Kampfwunden.

Gründe für Aggression

- Zusammenstellen von unbekannten Schweinen, zu wenig Futter
- nicht gleichzeitig fressen können
- Zugluft
- krank sein oder krank werden
- falsche Buchteneinrichtung (Laufweg vom Futter- zum Kotplatz führt durch den Liegebereich)
- nicht suhlen können (Schlammbaden)

Vermeidung von Suchverhalten

Je mehr ein Schwein seine Situation beherrscht, desto weniger unerwünschtes Verhalten zeigt es. Bedingungen dafür sind:

- Ein verfügbarer Liegeplatz mit einem angenehmen Klima.
- Die Tiere sind genügend gesättigt.
- Sie müssen nicht ums Futter kämpfen.
- Aggression ist praktisch nicht vorhanden und vermeidbar.
- Suchbedürfnisse können mit geeignetem Kaumaterial befriedigt werden.
- Die Schweine müssen gesund sein.

Eine Hand voll Stroh pro Schwein pro Tag hat schon eine große Wirkung beim Verhindern von Beißen. Das Schwein kann sein Suchbedürfnis befriedigen und fühlt sich gesättigt. Trockenschnitzel sorgen ebenfalls für Sättigung und damit für Ruhe. Sie bewirken klebrigen Kot.

Labiles Gleichgewicht

In einer Bucht, in der ein Schwein selbst wenig Möglichkeiten hat, Probleme und Störungen zu lösen, müssen Klima, Haltung, Fütterung und Betreuung von hoher Qualität sein. Tatsächlich geht es hier um eine labile Ruhelage. Eine Störung der Ruhe kann schnell zu problematischem Verhalten führen, wonach die Ruhe wieder schwierig herzustellen ist.

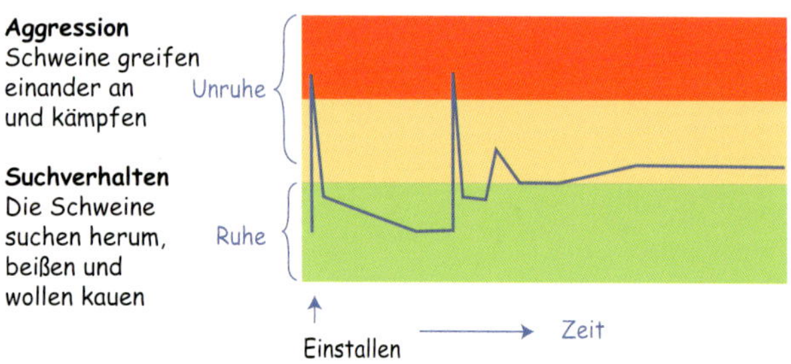

Ruhe

Wenn gesunde Schweine genügend Platz und Ruheplätze haben und genug fressen können, verursachen Störungen nur für kurze Zeit Unruhe. Es herrscht praktisch immer Ruhe in der Gruppe. Aggression ist selten. Beißereien treten kaum auf.

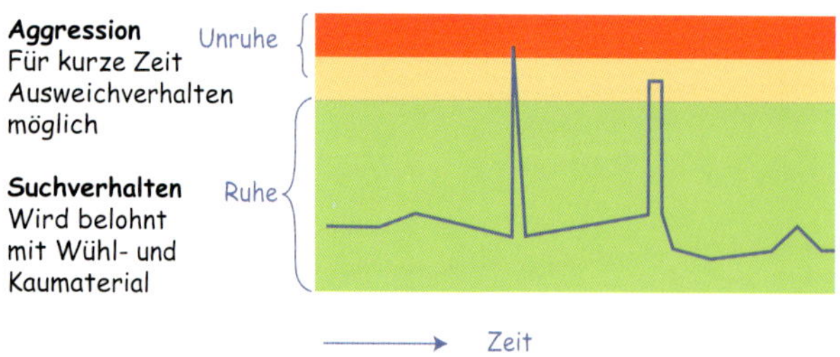

Eingreifen, wenn Schweine beißen

Meist ist es ein einzelnes Schwein, das mit Beißen beginnt. Trennen Sie das Schwein, das gebissen wird, möglichst schnell von den anderen, damit die Wunde heilen kann. Meist kann dieses Tier nach einer Woche wieder zurück. Bekämpfen Sie gleichzeitig die Ursache des Beißens.

Wenn das beißende Schwein Blut geschmeckt hat, wird dieses Tier mit Beißen so schnell nicht wieder aufhören. Es beißt dann, um Blut zu schmecken. Die einzige Lösung ist, die Herde auseinander zu holen und mehr Platz anzubieten. Legen Sie die Tiere ins Stroh und sorgen Sie dafür, dass Wunden gut heilen.

Beißereien mit nässenden Wunden verlangen ein rigoroses Vorgehen. Die Wunden müssen heilen, und die Schweine müssen mit dem Beißen aufhören.
Bekämpfen Sie die Ursache, damit es später nicht wieder soweit kommt.

Beobachten – denken – handeln

Was ist zuerst da: Ohrnekrose oder Ohrbeißen?

Beißen und saugen führen zu Verletzungen der Ohrspitze, was wiederum bakterielle Entzündungen verursacht. Bakterien auf der Haut (Staphylokokken) verursachen diese Entzündung, manchmal zusammen mit Bakterien im Blut (Streptokokken).
Ohrnekrose tritt oft im Zusammenhang mit Krankheiten auf, möglicherweise weil kranke Schweine weniger ausweichen oder kränkliche Schweine Suchverhalten zeigen. Möglicherweise hat Krankheit auch Einfluss auf den Platz in der Rangordnung und verursacht Rangordnungskämpfe.
Da ist noch mehr zu bedenken. Allgemeinkrankheiten wie Streptokokkeninfektionen und PRRS/Mykoplasmen können zu einem Zustand führen, in der der Körper die Blutversorgung auf wichtige Organe konzentriert. Eine zusätzliche Folge ist eine schlechte Durchblutung der Haut und der am weitesten entfernten Körperteile, wie Ohr- und Schwanzspitzen. Diese verminderte Durchblutung bewirkt, dass Infektionen leichteres Spiel haben. Ebenso tritt Gefühllosigkeit auf, wodurch das Schwein nicht auf Beißen reagiert.

Sättigung

Futter ist das Wichtigste für ein Schwein. Das satte Gefühl, genügend gefressen zu haben, ist die wichtigste Voraussetzung für Ruhe. Hunger bewirkt Unruhe.

Genug für alle

Mastschweine müssen so gefüttert werden, dass jedes Tier in der Gruppe genügend fressen kann. Arbeiten Sie mit Automaten, darf der Trog nicht leer sein, wenn Sie ihn nachfüllen. Bei rationierter Fütterung müssen alle Tiere einen Fressplatz haben und muss an jedem Platz gleich viel Futter liegen. Weibliche Mastschweine und Eber können Sie während der ganzen Wachstumsphase problemlos unbeschränkt (ad libitum) füttern, aber Börge verfetten dabei. Das heißt, dass Börge weniger Futter erhalten müssen, als sie fressen wollen. Das ist bei der Vorratsfütterung sehr schwierig, denn dann fressen die Stärksten unbeschränkt und erhalten die rangniedrigsten Tiere zu wenig. Automatenfütterung ist nur dann möglich, wenn Sie ein Futter geben, das gut füllt, aber nicht zu reich an Energie ist. Schweine können Sie am besten mittels einer Futterstation rationiert füttern. Die Station erkennt jedes Schwein und gibt anschließend die richtige Portion Futter frei.

Dosierautomaten müssen bei jeder Klappenbewegung 5 bis 10 Würfel fallen lassen. Im Trog darf deshalb kaum Futter liegen. Die Wasserlache sagt aus, dass der Nippel Wasser gibt (mindestens 1 Liter/Min).

Schweine, die 'leere Bäuche' haben, obwohl Futter im Trog liegt. Das ist ein Signal, um nachzuprüfen, ob sie genügend Wasser trinken können.

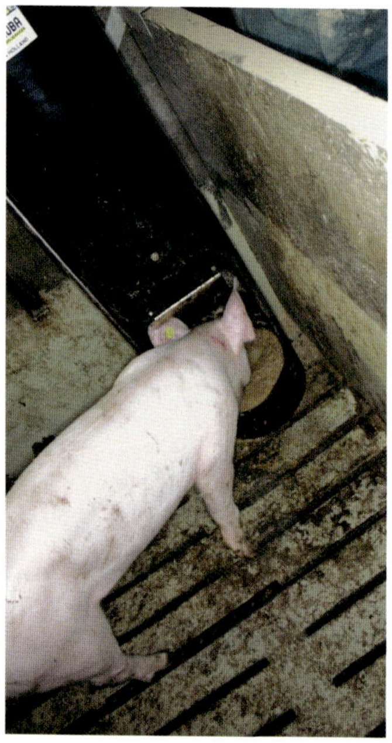

Schweine vergeuden an einem zu großzügig eingestellten Futterautomaten viel Futter. Bei zu viel Futter im Trog, ist auch die Wahrscheinlichkeit groß, dass die Tiere den Tränkenippel und den Futtertrog zuschmieren.

Diese Futterautomaten werden automatisch befüllt und die Schweine stürzen sich auf das Futter. Das heißt, dass sie zu wenig bekommen. Um dies zu sehen, müssen Sie regelmäßig beim Befüllen anwesend sein. Und gut zuhören, denn Schweine, die um Futter kämpfen, geben typische hohe, schneidende Schreie von sich (stress calls).

Wärme-Kälteverhalten

Schweine kühlen sich über ihre Atmung und ihre Haut ab. Sie haben keine Schweißdrüsen. Das erste Signal bei einer zu hohen Buchtentemperatur ist eine schnellere Atmung. Dies tritt über 22°C auf. Eine hohe Luftfeuchtigkeit bewirkt, dass ein Schwein schneller unter der Hitze leidet.
Die optimale Temperatur für ein Schwein von 60 kg liegt bei etwa 18°C. Darüber sinkt die Futteraufnahme und nimmt das Risiko für Buchtenverschmutzung zu. Zu große Wärme (Hitzestress) ist für ein Schwein ein großes Problem. Wenn es dagegen zu kalt wird, verbrauchen die Schweine mehr Futter und legen sie sich nahe zu einander und aufeinander. Wo die Untergrenze liegt, hängt mit der Luftgeschwindigkeit beim Schwein zusammen. Jedes Ventilationssystem hat seine Risikostellen. Machen Sie diese ausfindig und kontrollieren Sie sie. Denken Sie an die Bucht am Eingang, beim Ventilator oder an einer Außenmauer. Hier könnte das Klima nicht optimal sein, obwohl es in den anderen Buchten wohl der Fall ist.

Diese Schweine liegen auf der Seite, im richtigen Abstand zueinander. Sie liegen auf dem gewünschten Liegeplatz. Sie sagen damit aus, dass sie sich wohl fühlen: nicht zu warm, nicht zu kalt, keine Zugluft.

Obwohl sie von ihren Nachbarn gestört werden, liegen diese Ferkel auf dem Spaltenboden und nicht auf dem viel ruhigeren, geschlossenen Boden. Sie haben ihren Kotplatz auch auf dem Spaltenboden. Wahrscheinlich ist der feste Boden zurzeit zu warm.

Beobachten - denken - handeln
Was sagt uns dieses Liegeverhalten?

Die Schweine liegen nicht auf dem gewölbten Boden, sondern auf den Spalten. Spaltenböden sind meist kühler als dichte Fußböden. Entlang der Mauer haben die Schweine ihren Kotplatz eingerichtet.
Wahrscheinlich war es bei der Mauer zu kalt, als die Schweine eingestallt wurden. Deshalb haben sie ihren Liegeplatz beim Futtertrog gewählt. Kontrollieren Sie die Isolation der Mauer (Mauertemperatur messen).

Kranke Schweine frühzeitig und wirksam behandeln

Möglichst früh erkennen und möglichst früh wirksam eingreifen. Dieser Satz bezeichnet treffend, was Sie tun müssen, wenn Probleme auftreten. Eigentlich möchten Sie im Voraus eingreifen: Sich vorab auf die Situation einstellen, so dass alles weiterhin gut geht. So können Sie zum Beispiel Futterumstellungen allmählich durchführen und die Belüftung schon anpassen, bevor die Nächte kalt werden. Aber manche Probleme kann man nicht voraussehen, zum Beispiel Grippe. Andere Risiken liegen immer auf der Lauer, wie z.B. die Darminfektion PIA. Bestimmte Risikoperioden haben einfach eine intensive Betreuung nötig, z.B. die ersten Wochen nach dem Einstallen.

Temperatur messen

Sie messen die Körpertemperatur im Enddarm via den Anus. Bei Krankheit ist diese erhöht (Fieber), manchmal bis 42°C. Eine hohe Umgebungstemperatur, Stress und körperliche Anstrengung ergeben auch eine Steigung. Die Temperatur von gesund aussehenden Schweinen sagt aus, was innerhalb des Abteils oder der Gruppe üblich ist.

Kategorie	Körpertemperatur
Ferkel 1 - 8 Wochen	39-40°C
Ferkel 8 - 12 Wochen	39-40°C
Mastschwein	39-40°C
Sauen, Eber	38-38,5°C

Kontrollpunkte Tierkontrolle

Signal	Früh/spät	Maßnahme
Nicht schnell aufstehen	Früh	Darauf achten
Magen nicht voll	Früh	Weiter suchen
Unruhe, Suchverhalten	Früh	Weiter suchen
Kurzatmigkeit	Ziemlich früh	Weiter suchen
Bauch nicht voll	Ziemlich früh	Eingreifen
Nicht zum Fressen kommen	Ziemlich früh	Eingreifen
Sitzen bleiben	Ziemlich früh	Eingreifen
Krummer Rücken	Ziemlich früh	Eingreifen
Gesträubte Haare	Ziemlich früh	Eingreifen
Blass, lange Haare	Ziemlich spät	Eingreifen
Kümmerer	Spät	Eingreifen
Futteraufnahme niedrig (kg)	Sehr spät	Prozess verbessern
Wachstum niedrig	Sehr spät	Prozess verbessern
Einheitlichkeit schlecht	Sehr spät	Prozess verbessern

Eine Liste mit Kontrollpunkten bei einer Inspektion. Viele Schweinehalter kontrollieren diese Punkte teilweise unbewusst. Indem Sie bewusst Ihre Wahrnehmungen beschreiben, verbessern Sie die Qualität, lernen Sie daraus und können Sie besser gezielt eingreifen.

Suchbild

Was sehen Sie? Warum ist das so?

Schwein 1 steht mit einem krummen Rücken und einem leeren Magen da. Schwein 2 hat einen vollen Magen, ebenso Schwein 3. Untersuchen Sie, warum Schwein 1 den Rücken krümmt und nicht gefressen hat. Ist es lahm, ist es krank oder ist kein Futter oder Wasser verfügbar? Lahmheit können Sie sehen, Krankheit stellen Sie fest, indem Sie Fieber messen, Futter und Wasser können Sie kontrollieren.

Wirksam eingreifen

Sie behandeln ein Schwein, um seine Heilung zu fördern und um dafür zu sorgen, dass sich die Krankheit nicht weiter verbreitet.

Euthanasie und Notschlachtung

Die Euthanasie oder die Notschlachtung sind dann unausweichlich, wenn Schweine leiden und es keine Aussicht auf Heilung oder Verbesserung ihres Zustandes gibt. Entscheiden Sie sich rechtzeitig. Beraten Sie sich in Bezug auf die Entscheidungskriterien mit einer fachkundigen Person. Sorgen Sie für einwandfreien Transport und eine sachgemäße Euthanasie oder Schlachtung.

Ursache entfernen

Bei einer Infektion mit Bakterien und Parasiten helfen Antibiotika bzw. antiparasitäre Mittel, diese Keime zu töten oder einzudämmen. Medikamente gegen Viren sind noch nicht verfügbar. Das Abwehrsystem des Schweins muss die bestehende Infektion bekämpfen. Behandeln Sie das Tier regelmäßig, um zusätzliche Infektionen zu verhindern.
Bei einer Spritze wissen Sie sicher, dass das Schwein die vollständige Dosis des Medikaments erhält. Kranke Schweine trinken meist noch, aber fressen weniger oder gar nicht. Behandeln Sie die Herde deshalb am besten über das Trinkwasser. Befolgen Sie immer die Vorschriften des Tierarztes und der Beipackzettel.

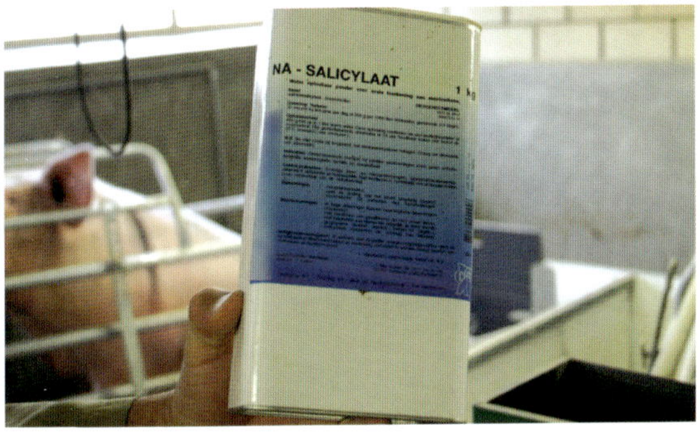

Symptome bekämpfen

Schmerz, Schwellung und Flüssigkeitsaustritt gehören normalerweise zu einem Krankheitsprozess. Diese Symptome behindern jedoch die Heilung und darum müssen sie wenn möglich vermindert werden.
Na-Salicylat ist ein Beispiel für ein Schmerzmittel/Entzündungshemmer (NSAID), das auch als Kombipräparat eingesetzt werden kann. Die Mittel sorgen dafür, dass befallene Organe sich besser erholen. Das Schwein wird aktiver, frisst und trinkt besser. Daneben gibt es weitere Mittel zur Symptombekämpfung.

Pflege

Ein Schwein kann ohne eine gute Futter- und Wasseraufnahme nicht gesund werden. Daneben braucht das kranke Tier Ruhe und einen bequemen Liegeplatz (Krankenbett).
Bieten Sie schwachen Schweinen immer einwandfreies und schmackhaftes Futter an, dazu sauberes und frisches Wasser. Trennen Sie kranke Tiere sofort von den andern, sodass sie sicher fressen und trinken können (bis zu fünf Wochen danach erkennen Buchtgenossen das Schwein noch). Sorgen Sie auch für einen ausgezeichneten Liegeplatz, mit einem angenehmen und gesunden Klima. Kranke Schweine brauchen eine höhere Umgebungstemperatur.

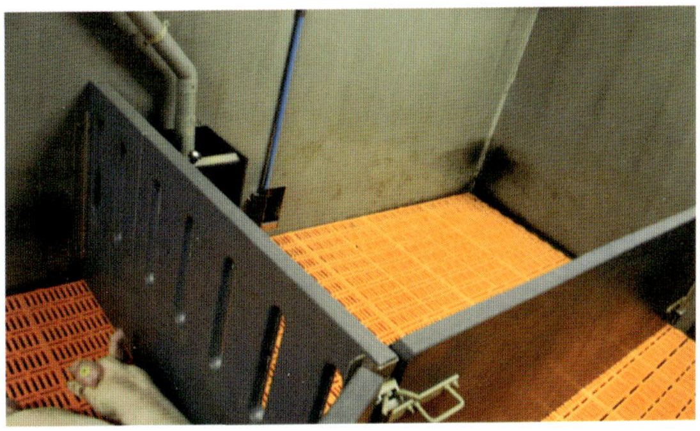

Isolieren

Kranke Tiere scheiden große Mengen Krankheitserreger aus. All ihre Körperflüssigkeiten können Krankheiten übertragen. Nasenkontakt, Husten und Niesen verstärken diesen Prozess. Isolieren Sie kranke Schweine, Buchten oder Abteile. Laufen oder arbeiten Sie nicht von Krank nach Gesund. Verwenden Sie separate Geräte und Materialien. Beginnen Sie sofort damit und führen Sie das bis mindestens drei Wochen nach der Gesundung durch.

KAPITEL 7

Maßnahmen und Behandlungen

Berührungen und ruhiges Zureden führen zu einem guten Verhältnis zwischen Mensch und Schwein.

Im Umgang mit Schweinen und beim Vorwärtstreiben werden ihre Eigenarten deutlich erkennbar. Wenn Sie die Schweine-Eigenschaften gut kennen, hilft Ihnen das, unnötige Probleme, Stress und Fehler zu vermeiden. Denken Sie an Rangordnung, an die Art, wie sich ein Schwein orientiert, und die natürlichen Reaktionen auf Störfaktoren.

Es gibt genügend Beweise dafür, dass ein entspannter, freundlicher Umgang mit Schweinen Ruhe und eine höhere Produktion bewirkt. Ruhiges Arbeiten ist auch für eine hohe Qualität des Arbeitens notwendig. Darüber hinaus ist Arbeiten mit ruhigen Schweinen viel angenehmer als mit unruhigen, schreckhaften Tieren. Ängstliche Schweine lassen sich auch viel schwieriger in eine andere Bucht, auf einen Lastwagen oder in das Schlachthaus treiben.

Die alte Sau verweist die Jungsau auf ihren Platz unten in der Rangordnung. Die Sau macht sich groß und schaut herunter (Dominanz). Die Jungsau macht sich klein und weicht der Sau aus (Untertänigkeit).

Eingriff

Wenn bei schwereren Schweinen ein Eingriff durchgeführt werden muss, treiben Sie sie am besten dicht aufeinander, sodass alle Schweine praktisch eingeklemmt stehen. Wenn das nicht genügt, bietet eine Schweinebremse eine Lösung. Dabei legen Sie die Schlinge um den Oberkiefer, hinter die Eckzähne. Der Knopf liegt auf dem Nasenrücken. Das Schwein reagiert, indem es sich schreiend dagegen stemmt und an die Schlaufe hängt.

Kontrollpunkte beim Eingriff:

- möglichst kurz
- reduzieren Sie Schmerz und Unannehmlichkeiten auf ein Minimum
- belohnen Sie das Tier nach Ablauf (Futter, Stroh, ...)

Leichte Ferkel hochheben

Ein kleines Ferkel lässt sich am besten in der Lendengegend fassen und hochheben. Stützen Sie das Tier möglichst schnell mit der zweiten Hand.

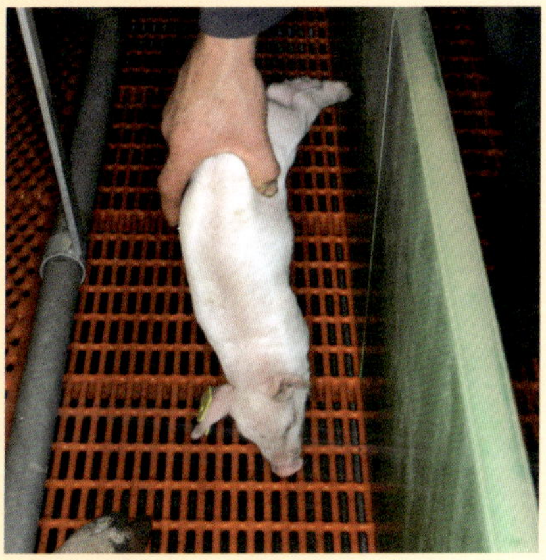

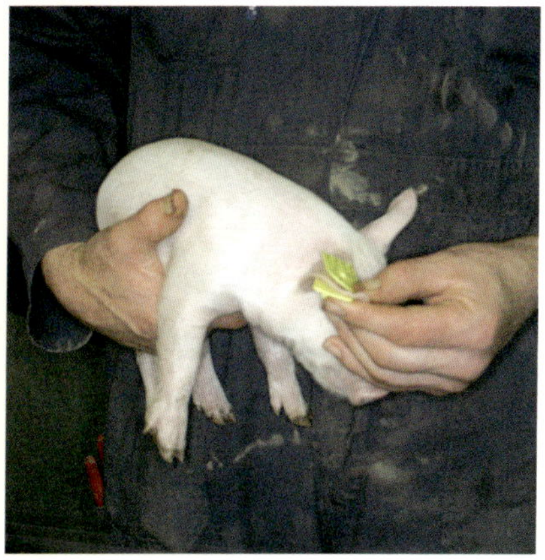

Schwere Ferkel hochheben

Fassen Sie schwerere Ferkel am Hinterfuß und heben Sie sie mit dem andern Arm unter dem Brustkorb hoch. Fassen Sie schwere, muskulöse Ferkel in der Leistenbeuge und nicht am Hinterfuß.

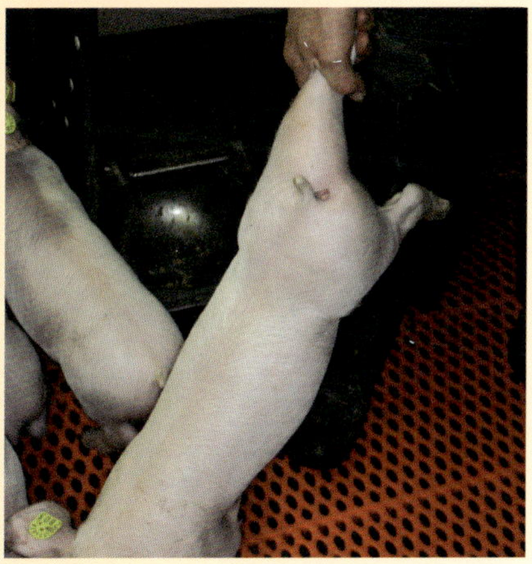

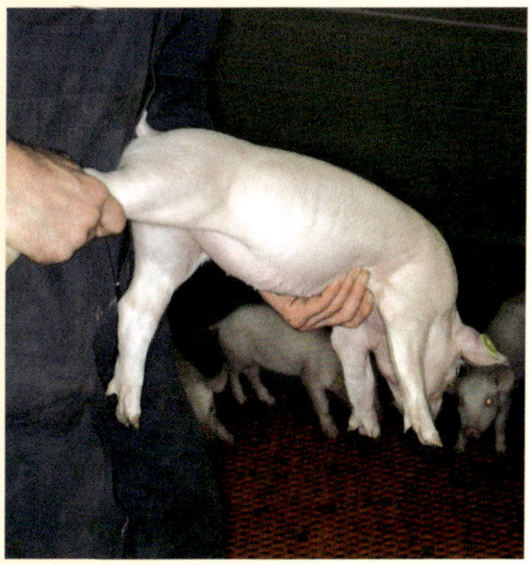

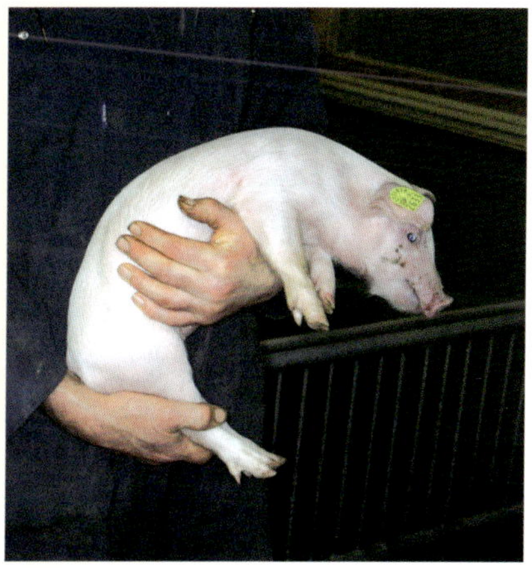

Umherschauen

Schweine scharren gern. Sie suchen ihre Nahrung nahe am Boden und bewegen sich am liebsten in dichtem Gebüsch. Bei Gefahr werden sie eher zwischen oder unter etwas hindurch kriechen, als darüber hinwegzusteigen.

Wo der Mensch sich vor allem mit seinen Augen orientiert, sind für ein Schwein Gerüche und Geräusche genauso wichtig. Schweine sehen schlechter als Menschen, vor allem in die Ferne können sie nicht gut sehen. Außerdem ist ihr Blickfeld viel eingeschränkter.

Die Augen eines Schweins sind vor allem auf die Futtersuche ausgerichtet. Dabei schaut das Tier der Nase entlang nach unten.

Wie sich ein Schwein orientiert

Diese Sau wird aus dem Abferkelstall getrieben. Im Gang hebt sie ihren Kopf, um weit um sich zu schauen. Oft kotet und uriniert sie im Laufen.

Die normale Art und Weise, wie ein Schwein die Umgebung erkundet: den Kopf gesenkt, um zu fühlen, zu riechen und zu schmecken.

Foto: Kees Scheepens

Eine Sau sieht ungefähr dieses Bild, wenn sie mit dem Kopf ziemlich hoch erhoben durch einen Strohstall läuft. Hängende Ohren schränken ihr Gesichtsfeld noch weiter ein.

Schweine umstallen

Wenn Sie bewusst von den natürlichen Reaktionen von Schweinen Gebrauch machen, verursacht Vorwärtstreiben wenige Probleme. Neben den hier genannten Kontrollpunkten ist eine gute Arbeitsorganisation wichtig: eine sorgfältige Vorbereitung, genug Hilfe und nicht zwei Dinge gleichzeitig tun wollen. Stallen Sie möglichst nur Gruppen und keine einzelnen Schweine um. Die Tiere laufen einfach miteinander mit. Geben Sie ihnen Zeit, ein wenig rumzuschnüffeln.
Achten Sie darauf, dass Schweine keine Angst vor bestimmten Personen oder Situationen entwickeln. Bleiben Sie ruhig.

Dieselbe Bodenfläche, gerade Wände und auf das Licht zulaufen sind einige Grundbedingungen für einen reibungslosen Schweinetransport.

Kontrollpunkte beim Umstallen

- flacher Boden, eben, gleichmäßige Färbung, keine auffallenden Objekte
- keine störenden Geräusche
- vom Dunklen zum Licht laufen lassen
- keine bewegenden Gegenstände, Personen, Schatten oder Licht
- kein Flimmern, kein grelles Licht
- keine störenden Objekte, Gitter oder tote Ecken
- geschlossene Seitenwände

Trennwände sind ein unentbehrliches Hilfsmittel, um Schweine ruhig und zielgerichtet vorwärts zu treiben.

Wenn Sie einen Eimer auf ihren Kopf schieben, läuft eine Sau rückwärts. Sie will nämlich mit ihrem Kopf aus dem Eimer.

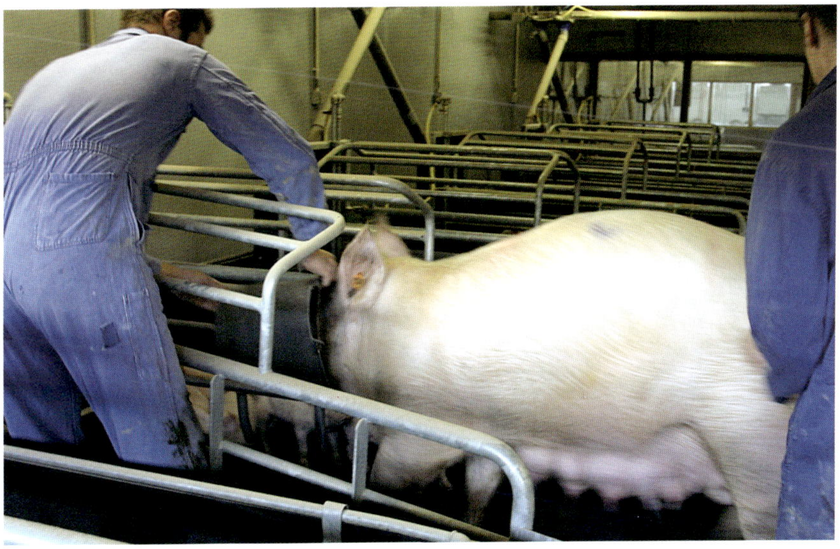

Standardarbeitsweise

Für jede Tätigkeit kann eine Standardarbeitsweise (SA) beschrieben werden. Indem Sie immer auf die gleiche Weise arbeiten, vermeiden Sie Fehler. Sie können einfacher Verbes serungsmöglichkeiten im Verfahren entdecken. Eine Standardarbeitsweise hat folgenden Aufbau: Vorbereitung, die Arbeit an sich, Kontrolle während der Arbeit und Kontrolle des Ergebnisses der Arbeit.

Standardarbeitsweise Beispiel 1: Schwänze kupieren

Schwänze werden wegen der Gefahr des Kannibalismus kupiert. Der Eingriff ist schmerzhaft und belastend für die Ferkel. Die Heilung kostet Energie und die Wunde bedeutet ein Infektionsrisiko. Kupieren Sie darum sehr sorgfältig. Gehen Sie auf die Suche nach der zugrunde liegenden Ursache, wenn Schwanzbeißen auftritt. Kupieren verhindert Beißen jedenfalls nicht, aber verringert das Risiko.

Vorbereitung

1 Schaffen Sie einen Arbeitsplatz mit viel Licht und genügend Platz. Sorgen Sie dafür, dass Sie ruhig und ohne Stress arbeiten können, mit allen Hilfsmitteln gebrauchsbereit in Reichweite.

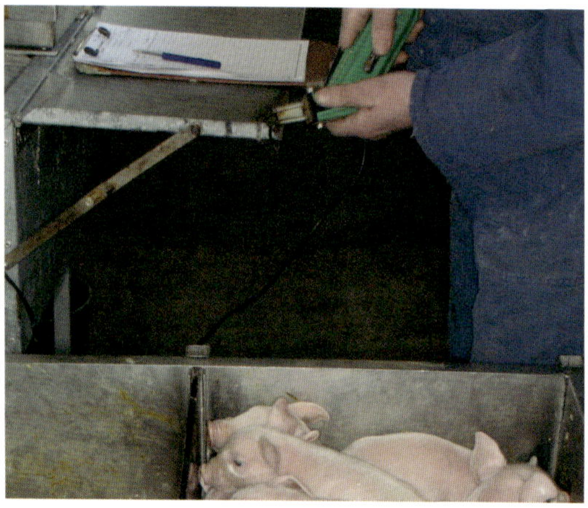

2 Kontrollieren Sie, ob das Kupiergerät schnell und richtig heiß wird und ob sich kein Grat darauf befindet.

3 Sperren Sie den Wurf ein, sodass Sie die Ferkel schnell und einfach ergreifen können.

Durchführung

4 Legen Sie den Schwanz auf den Kupierplatz und kupieren Sie von unten nach oben.

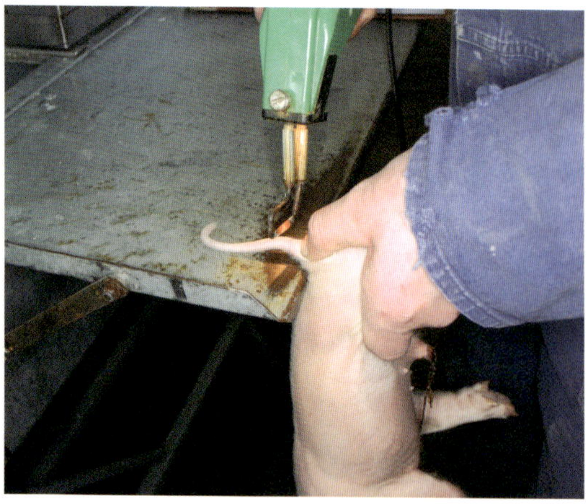

5 Kupieren Sie den Schwanz mit einem rotglühenden Kupiergerät auf 1,5 cm Länge.

6 Führen Sie die Klinge ruhig durch den Schwanz, sodass die Wunde durch die Hitze gut verschlossen (kauterisiert) wird.

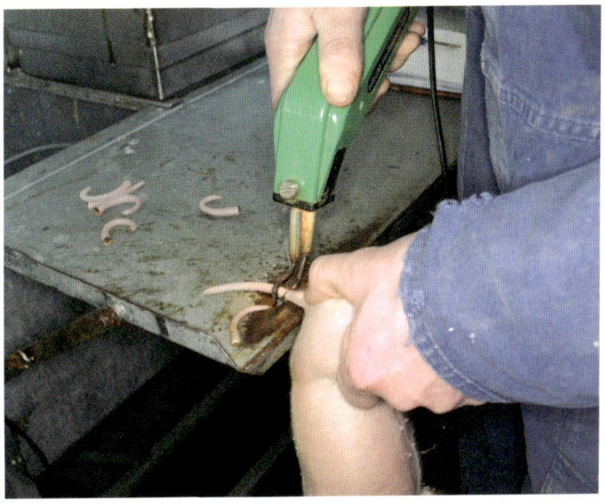

7 Setzen Sie die Ferkel an einen ruhigen Ort zurück. SORGEN SIE DAFÜR, DASS DAS FERKELNEST PERFEKT IST. Genesende Ferkel brauchen eine wärmere Umgebung.

Kontrolle während der Arbeit

8 Die Wunde des Stumpfes ist vollständig verschlossen und blutet nicht.

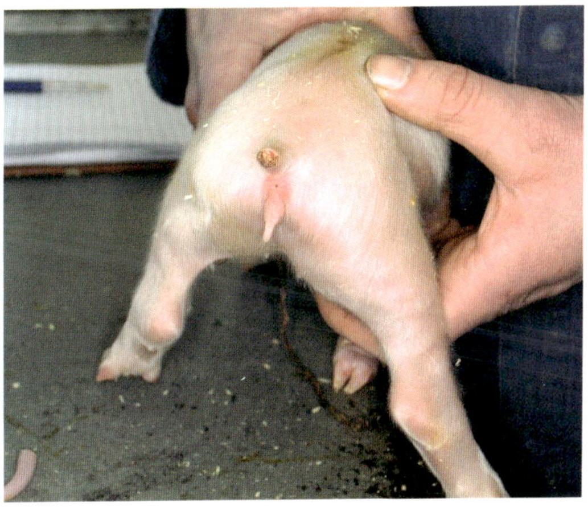

9 Zehn Minuten nach dem Kupieren: Bei mehr als 90 Prozent der Ferkel ist kein Blut zu sehen.

Kontrolle des Ergebnisses

10 Drei Tage nach dem Kupieren: Mehr als 90 Prozent der Wunden sind trocken, nicht geschwollen, ohne geröteten Rand.

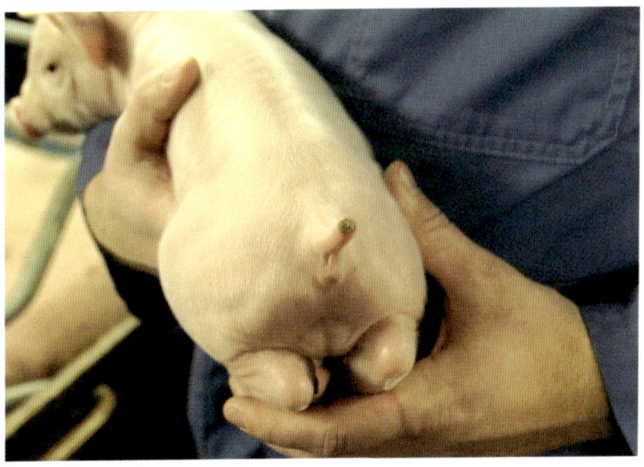

Standardarbeitsweise Beispiel 2: Intramuskulär Spritzen

Schweine spritzen gehört zu den Standardtätigkeiten auf allen Betrieben. Befolgen Sie die hier genannten Schritte für eine korrekte Arbeitsweise bei intramuskulären Spritzen (i.m.). Lesen Sie immer im Voraus die Etikette genau durch.

Vorbereitung

1 Schaffen Sie einen guten Arbeitsplatz. Legen Sie Nadeln, Injektionsflüssigkeit und Spritze bereit, sorgen Sie für Licht und eine saubere Arbeitsfläche.

2 Nehmen Sie eine neue Nadel, mit der richtigen Länge und Dicke.

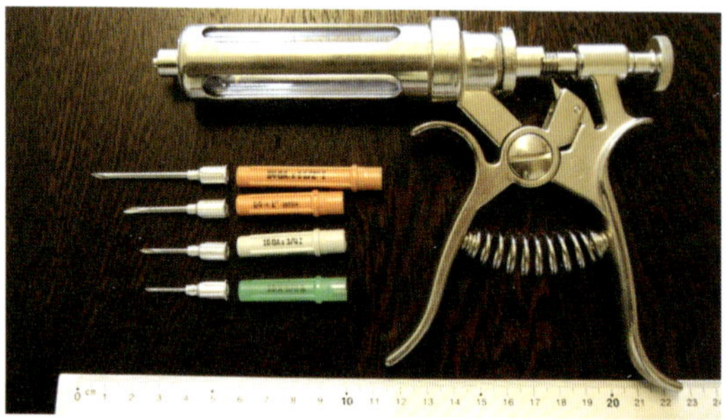

3 Verwenden Sie eine garantiert saubere, wirksame Injektionsflüssigkeit. Im Zweifelsfall nicht verwenden.

4 Stechen Sie das Fläschchen mit einer sauberen Nadel an. Besser: Verwenden Sie Selbstfüllerspritzen.

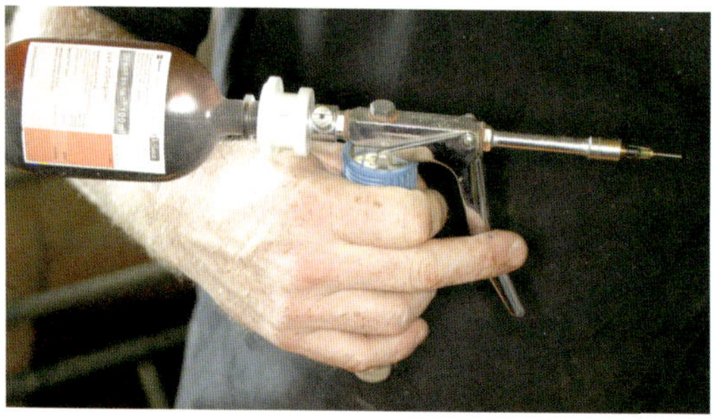

Durchführung

5 Spritzen Sie an der richtigen Stelle.

Ferkel

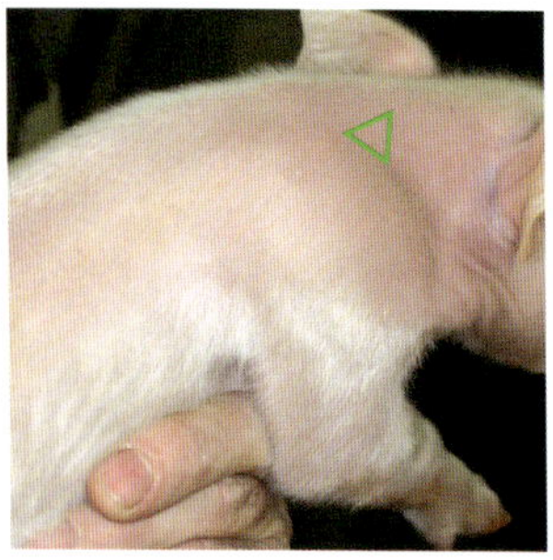

Die richtige Injektionsstelle befindet sich gerade vor dem Schulterblatt, über den Halswirbeln im Muskelpaket.

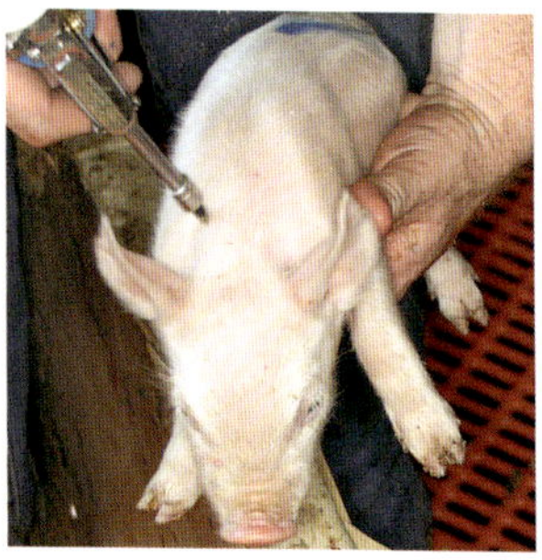

Lassen Sie beim Spritzen der Ferkel ab und zu einen Tierarzt zuschauen, der beurteilt, ob Sie es richtig machen.

Älteres Schwein

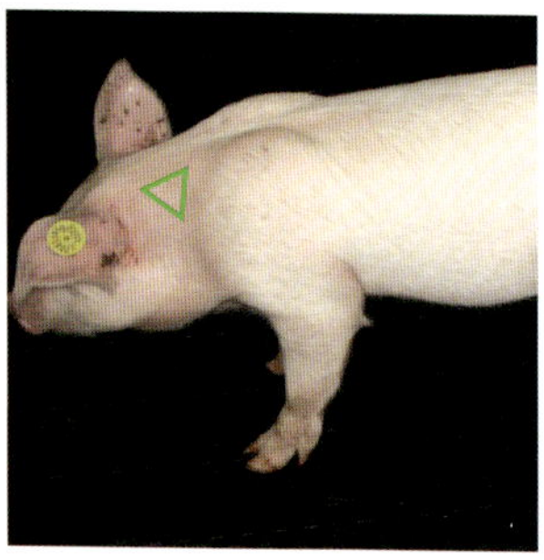

Die richtige Injektionsstelle befindet sich gerade vor dem Schulterblatt, über den Halswirbeln im Muskelpaket.

6 Sorgen Sie dafür, dass das Schwein still steht. In einem bewegenden Nacken kann eine Injektionsnadel vieles zerstören!

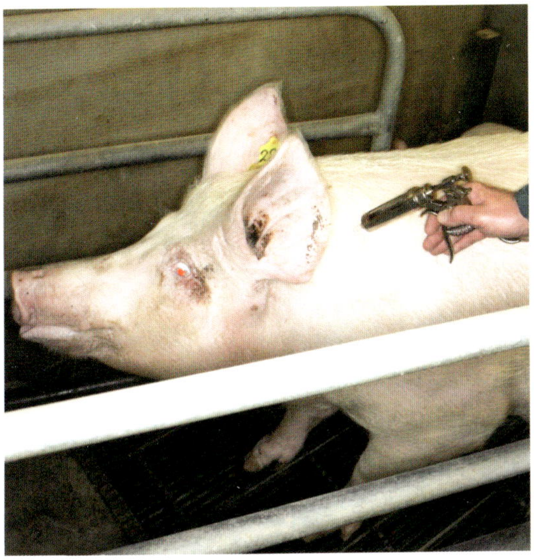

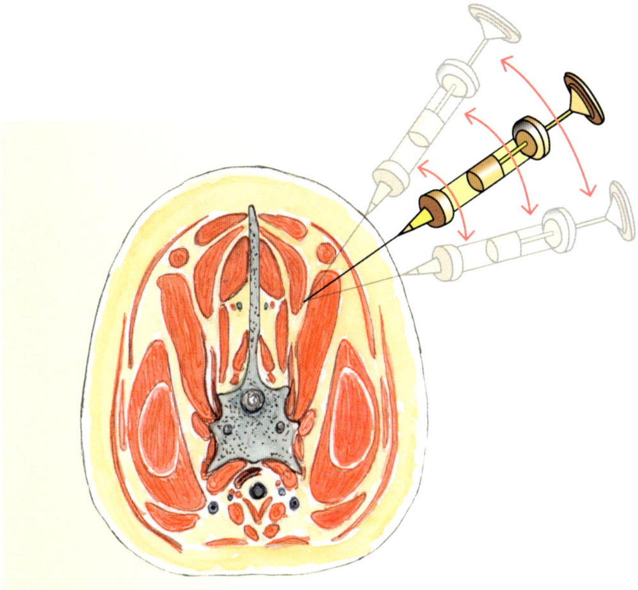

Schnitt des Halses

Die Injektionsflüssigkeit wird zwischen den Halsmuskeln deponiert. Bei falschem Spritzen können Sie Knochen, Blutgefäße, Sehnen und Nerven treffen. Eventuelle Krankheitserreger in Nadel oder Flüssigkeit können sich einfach verbreiten.

7 Markieren Sie die gespritzten Schweine. Benutzten Sie zum Beispiel jeden Tag eine andere Farbe.

8 Ersetzen Sie Einwegnadeln regelmäßig, zum Beispiel nach jedem Wurf.

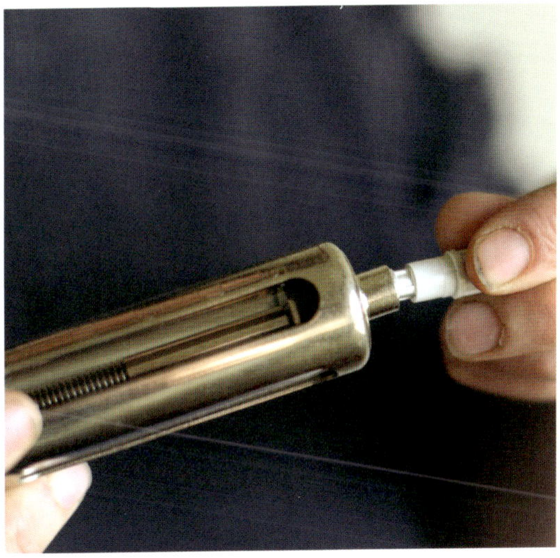

Abschluss

9 Spritzen Sie nie Flüssigkeit zurück ins Fläschchen!

10 Entsorgen Sie die gebrauchten Nadeln auf sichere Weise.

11 Reinigen Sie die Spritze.

12 Stellen Sie die Injektionsflüssigkeit in den Kühlschrank. Achtung: Es gibt Injektionsflüssigkeiten, die nicht in den Kühlschrank gehören. Das steht auf dem Etikett.

13 Wie kontrollieren Sie die Qualität dieser Arbeit?

Standardarbeitsweise Beispiel 3: Kastrieren unter Betäubung

Örtliche Betäubung vermindert Schmerzen während und nach der Kastration. Dadurch verläuft die Kastration einfacher und Sie können sorgfältiger arbeiten. Daneben frisst das Ferkel besser und die Wunde heilt schneller. Benutzen Sie ein sauberes und sehr scharfes Messer. Arbeiten Sie mit sauberen Fingern. Desinfizieren Sie vor und nach dem Kastrieren.

Durchführung

1 Spritzen Sie die örtliche Betäubung in beide Hoden und an der Schnittstelle unter die Haut.

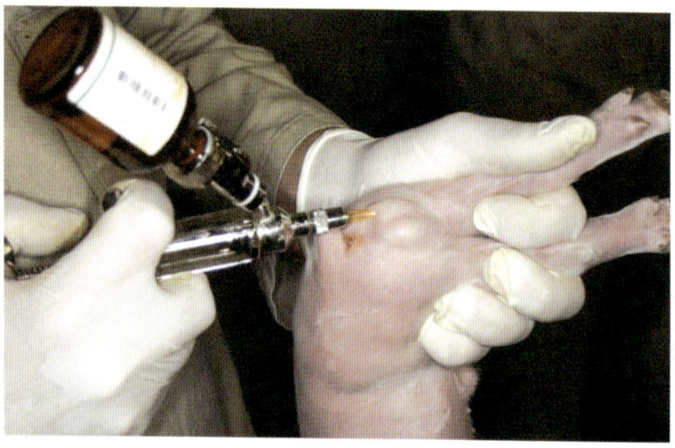

2 Machen Sie einen einzigen Schnitt durch die Haut. Die Hoden werden dabei nicht angeschnitten. Der Schnitt sitzt ziemlich tief, sodass eventuelle Wundflüssigkeit herauslaufen kann.

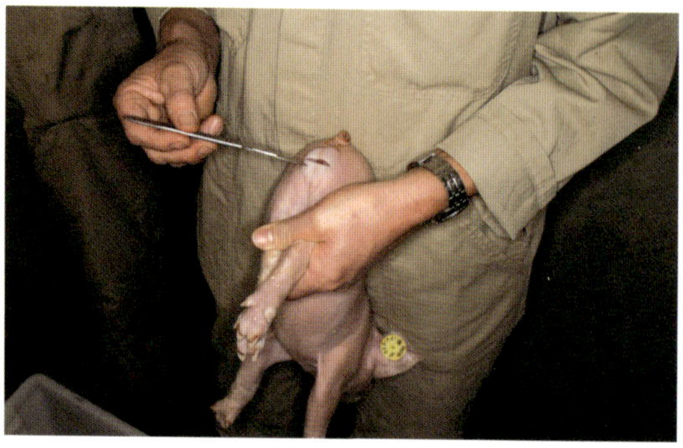

3 Drücken Sie den Hoden aus der Wunde nach außen.

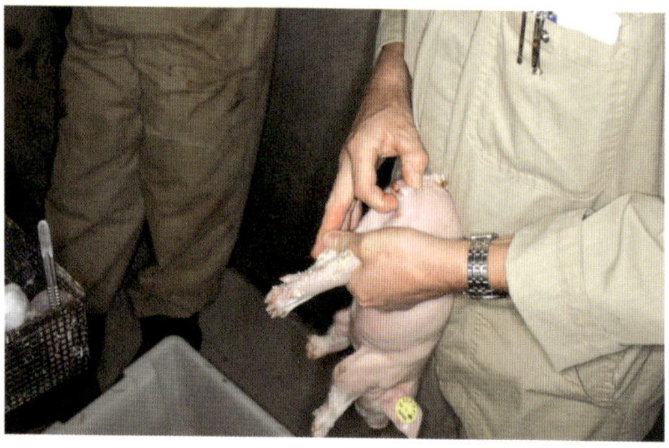

4 Ziehen Sie den Hoden zusammen mit dem Samenstrang in einer einzigen Bewegung heraus.

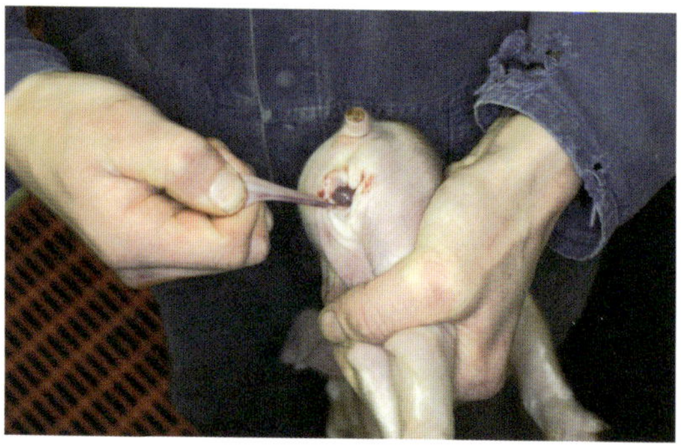

5 Kontrollieren Sie die Wunde sorgfältig: Ragt nichts heraus?

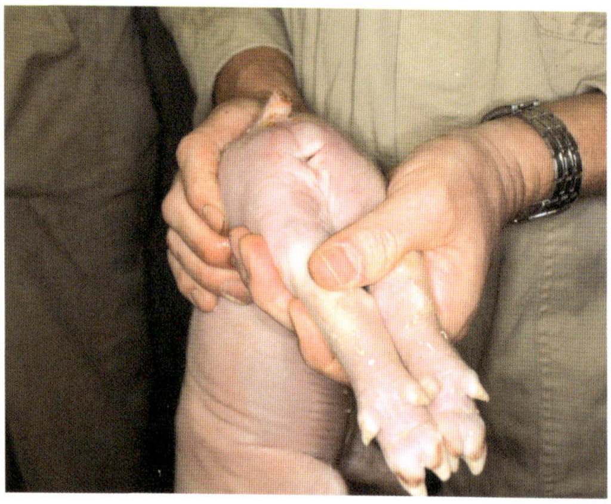

Nachkontrolle

6 Die rechte Wunde heilt schön ab. Der Strang in der linken Wunde verhindert das Verschließen und lässt Bakterien durch.

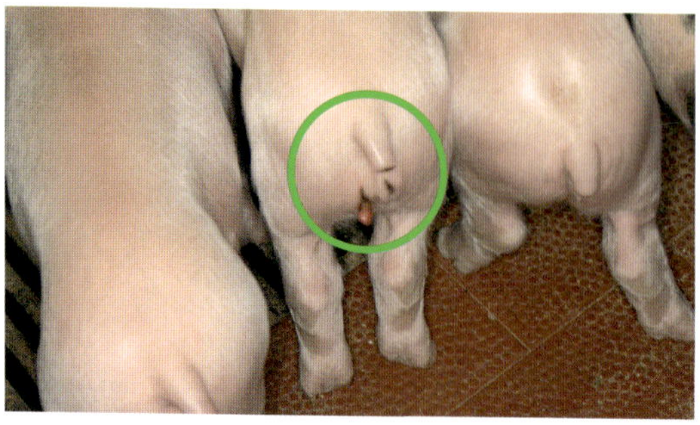

Stichwortverzeichnis

SCHWEINESIGNALE

Das Buch **Schweinesignale** ist Teil eines breiten Angebots mit dem Ziel, das Wissen des Schweinehalters zu erweitern.
Fotos, Bild und Ton aus der Praxis der Schweinehaltung bilden die Grundlage der Vermittlung von Wissen an **Kursen** und **Studienabenden**. Fragen werden auf unkonventionelle Art beantwortet und Anwesende aktiv bei der Präsentation mit einbezogen.
Ebenso werden **Schulungen im Stall** gegeben, an denen Teilnehmer Signalen begegnen, die sie im eigenen Betrieb übersehen würden.
Diese Stall-Workshops stecken voller Überraschungen.

Die Aktivitäten haben zum Ziel:

- Betriebsblindheit zu vermeiden
- bewusst Beurteilungen in die tägliche Routine einzubauen
- das Wissen praktisch aufzufrischen
- zu lernen, mit Checklisten zu arbeiten
- den Ertrag des Schweinebestandes zu verbessern

Für weitere Informationen nehmen Sie Kontakt auf mit:

Food Safety
Animal Health
Animal Welfare

DR. C.J.M. SCHEEPENS CONSULTANCY B.V

Hogevleutweg 5
5681 PD Best
Niederlande
Tel./Fax: +31 (0)499 31 01 42
Handy: +31 (0)6 12 50 79 34
E-Mail: kscheepens@aol.com
Internet: www.3drie3.nl

VETVICE
Making veterinary knowledge work

Veldweg 10
5684 NS Best
Niederlande
Tel.: +31 (0)499 33 06 20
Fax: +31 (0)499 33 06 21
E-Mail: info@vetvice.nl
Internet: www.vetvice.nl

Bücher zu landwirtschaftlichem Management von Roodbont Verlag und Landwirtschaftsverlag

Außer ***Schweinesignale*** können Sie im Buchhandel erwerben:
Kuhsignale, Krankheiten und Störungen früher erkennen,
eine gemeinsame Ausgabe mit dem Landwirtschaftsverlag zum tiergerechten Management bei Milchkühen.

Kuhsignale
Störungen und Krankheiten schneller erkennen
ISBN 90-75280-54-8
96 Seiten, Buchhandelspreis; € 21,90

Rund um die Uhr geben Kühe wertvolle Informationen ab, wenn man dafür die richtige ‚Antenne' besitzt.

Tierarzt und Kuhliebhaber Jan Hulsen hat in „Kuhsignale" seine umfassenden Kenntnisse und Erfahrungen mit Landwirten und ihren Kühen aufgeschrieben. So wurde dieses reich illustrierte Buch zu einem Leitfaden für die Praxis. Sie können lernen Verhalten, Haltung und körperliche Merkmale von Einzeltieren oder der Kuh in der Herde zu beobachten und zu beurteilen. Mit solchen Erkenntnissen können Sie dann gezielte Maßnahmen zur Verbesserung der Leistung der Herde ergreifen.

Besuchen Sie uns auch im Internet:
www.roodbont.nl
Hier finden Sie mehr Informationen zu unseren Büchern.

Bei Bestellungen direkt beim Verlag werden minimal € 5,- beziehungsweise die tatsächlichen Versandkosten in Rechnung gebracht.